智慧农业
三大领域研究热点发展态势分析

◎王枫 著

U0306497

中国农业科学技术出版社

图书在版编目 (CIP) 数据

智慧农业三大领域研究热点发展态势分析 / 王枫著 . --北京：
中国农业科学技术出版社，2022. 10
ISBN 978-7-5116-5864-7

Ⅰ . ①智… Ⅱ . ①王… Ⅲ . ①信息技术-应用-农业 Ⅳ . ①S126

中国版本图书馆 CIP 数据核字 (2022) 第 144621 号

责任编辑 李冠桥
责任校对 马广洋
责任印制 姜义伟 王思文

出 版 者 中国农业科学技术出版社
北京市中关村南大街 12 号 邮编：100081
电 话 (010) 82109705 (编辑室) (010) 82109702 (发行部)
(010) 82109709 (读者服务部)
网 址 http://www.castp.cn
经 销 者 各地新华书店
印 刷 者 北京建宏印刷有限公司
开 本 185 mm×260 mm 1/16
印 张 11. 5
字 数 273 千字
版 次 2022 年 10 月第 1 版 2022 年 10 月第 1 次印刷
定 价 99. 00 元

前　　言

农业作为国民经济的基础产业，一直备受关注。习近平总书记强调，农业现代化，关键是农业科技现代化。要加强农业与科技融合，加强农业科技创新，科研人员要把论文写在大地上，让农民用最好的技术种出最好的粮食。当前，我国正处在传统农业向现代农业转变的关键时期，应把农业科技摆在更加突出的位置，大力增强农业科技创新能力，推动我国农业高质量、可持续发展。农业热点领域无疑是科技创新的主战场。

情报研究是科学决策的基础，农业情报研究具有辅助农业生产决策，促进农业宏观经济健康发展的重要作用。发展态势分析是情报研究的一种类型，是针对某一学科或技术领域，全面剖析该学科或技术领域的研究动态和发展趋势，提出未来发展的对策与建议，为制定科技发展战略、开展科学研究提供决策参考的一种深层次的情报服务。当前，发展态势分析主要针对某个或几个文献数据库，采用文献计量分析、社会网络分析、数据挖掘等定量分析方法，同时结合专家咨询的定性研判分析，并采用知识图谱法进行结果的可视化展示。

本书以现今全球智慧农业研究热点为研究对象，以国际、国内两个维度，采用文献计量方法，利用 COOC、Science Evolution、Excel、Ucinet 等工具进行数据处理和统计分析，利用 Excel、Netdraw、VOSviewer、CiteSpace 等软件进行辅助绘图，对农业机器人、农业表型、植物工厂三个热点领域的研究概况、研究群体竞争力及合作情况、研究主题与热点等问题进行计量分析，以期为广大研究者提供数据支持和科研参考。

农业机器人是一种新型的多功能农业机械设备，也是世界各国研究的重点之一。农业机器人是集电子、机械、计算机、传感器、控制技术、人工智能、仿生学和农业等多学科交叉的智能机械，它的广泛应用，改变了传统的农业生产方式，提高了劳动生产率，促进了现代农业的发展。随着图像识别技术的发展，农业机器人也进入了高速发展阶段。近年来，我国设施农业、精准农业和高新技术持续发展，特别是土地流转与农业生产规模化、集约化的不断推进，农业机器人成为替代繁重体力劳动、改善生产条件、提高收获生产效率、转变发展方式、降低生产成本和损耗、增强综合生产能力的关键装备，受到越来越多的关注。

农业表型是基因型和环境因素复杂交互的结果，基因型是表型得以表达的内因，而环境是各类形态特征得以显现的外部条件。表型研究则是"基因型-表型-环境"作用机制的重要桥梁。"表型为王，基因为后"是表型相关领域的学者常挂在嘴边的一句话。表型研究广泛应用于农业选种、种植管理、生物干预等领域，对于加速育种效率，保障粮食安全具有重要意义。

植物工厂是一种通过设施内环境控制实现作物周年连续生产的高效农业系统，是利用信息技术对植物生长的温度、湿度、光照、CO_2浓度、营养液等环境要素进行自动控制，使其不受或少受自然条件制约的省力型生产方式。植物工厂充分运用了现代装备工程、生物技术、营养液栽培与信息技术等手段，是农业产业化进程中吸收应用高新技术成果最具活力和潜力的领域之一，代表着未来农业的发展方向，是衡量一个国家农业高技术水平的重要标志之一。

王　枫

2022 年 6 月

目　　录

彩图目录

表目录

第一章 全球农业机器人领域发展态势分析

第一节 数据来源

以农业机器人为研究对象，通过广泛阅读全球农业机器人领域的论文、专著等相关文献，梳理与农业机器人相关的中英文关键词，构建农业机器人领域的关键词集合。最后，选择 Web of Science 的 Sci-Expanded 数据库作为全球农业机器人领域发展态势分析的数据源，构建全球农业机器人领域的检索式如下：（TS = robot * and（Agriculture or farming or geoponics or agro – or Forest * or Land or harvesting or "animal husbandry" or stockbreeding or marine or Livestock or fishery or "aquatic product" or underwater or slaughter * or aquaculture or cultivation or grafting or "Pesticide Spray *" or "green-house management" or picking or seedling or Fertilization or transplanting or sorting or weeding or field work or "sheep shearing" or spray * or milking）），检索限定的时间范围是 1975—2021 年，检索日期为 2021 年 5 月 3 日，共获取 12 338 篇文献，经过人工判读，确定 1 267 篇文献作为最终的研究数据集。

第二节 领域科研竞争力分析

一、概况

1. 全球发文概况分析

全球农业机器人领域的研究始于 20 世纪 80 年代，从 1984 年开始相关研究逐步增多，至今大体可以分为萌芽期、缓慢发展期、快速增长期三个发展阶段。目前，已经到达快速增长阶段，如彩图 1-1 所示。

（1）第一阶段：萌芽期（1984—1999 年）。在 1999 年之前，全球农业机器人领域的总发文量为 61 篇，平均每年约 4 篇。机构、作者的数量和研究成果均较少，呈现较为平稳发展状态，农业机器人领域的研究初现萌芽。该时期的核心研究国家有美国、日本、英国等。

（2）第二阶段：缓慢发展期（2000—2012 年）。全球农业机器人领域的总发文量为 298 篇，平均每年约 23 篇。研究成果呈波动增长状态，机构和作者的数量也逐渐增长，说明对农业机器人领域的研究逐渐引起关注，为后续的快速增长奠定了一定的基础。该时期的核心研究国家有美国、中国、日本、意大利、荷兰、韩国等。

（3）第三阶段：快速增长期（2013—2021 年）。全球农业机器人领域的总发文量为 907 篇，平均每年约 100 篇。农业机器人领域的研究已经得到各国的普遍重视，机构、作者的数量和研究成果均处于快速增长状态，但距离研究成熟阶段还有一定的增长空间。该时期的核心研究国家有美国、西班牙、中国、日本、意大利、澳大利亚等。

2. 中国发文概况分析

中国在全球农业机器人领域的研究始于 1998 年，起步较晚。从 2010 年开始相关研究逐步增多，至今大体可以分为萌芽期、发展期、快速增长期三个发展阶段，目前已经到达快速增长阶段，如彩图 1-2 所示。

（1）第一阶段：萌芽期（1998—2009 年）。中国的总发文量为 18 篇，平均每年约 2 篇。研究成果较少，但呈现小幅波动增长状态，中国在农业机器人领域研究的萌芽初现。该时期的核心研究机构有中国农业大学、北京大学、中国科学院等。

（2）第二阶段：发展期（2010—2016 年）。中国的总发文量为 80 篇，平均每年约 11 篇。中国在农业机器人领域的研究逐渐引起关注，研究成果缓慢增长，且保持平稳上升状态，为后续的快速增长奠定了良好基础。该时期的核心研究机构有江苏大学、北京理工大学、中国农业大学、上海海事大学等。

（3）第三阶段：快速增长期（2017—2021 年）。中国的总发文量为 237 篇，平均每年约 47 篇。中国在农业机器人领域的研究已经得到了足够重视，研究成果呈快速增长状态，但距离研究成熟期还有一定的增长空间。该时期的核心研究机构有中国科学院、华南农业大学、江苏大学、北京理工大学、南京农业大学等。

对比中国和全球在农业机器人领域发文量年度分布图可以发现，中国在农业机器人领域的研究比国外晚了近 15 年，起步较晚，但在经过 12 年的萌芽期和 7 年的发展期后，几乎与全球同步进入快速增长期，且在 2017 年之后，中国在农业机器人领域的研究对全球该领域的发展走势产生了决定性影响。

二、国家竞争力

1. 国家生产力分析

全球农业机器人领域的文献分布在 68 个国家。以全球农业机器人领域发文量大于 24 篇的 15 个国家作为高生产力国家的研究对象，对其总发文量、第一/通讯作者发文量及其占比情况进行统计分析，如彩图 1-3 所示。

（1）各国之间生产力差距悬殊。TOP15（前 15 个）高生产力国家中总发文量最高达 336 篇，最低为 25 篇，两者相差超 13 倍；第一/通讯作者发文量最高达 330 篇，最低为 22 篇，两者相差 15 倍。可见，高生产力国家之间存在很大差距。

（2）全球农业机器人领域研究分布聚焦，中国、美国、西班牙和日本是该领域的重要产出国。中国以 336 篇的总发文量排在首位，且遥遥领先于其他国家；美国以 222

篇的总发文量位居第二；西班牙以 113 篇的总发文量排名第三；日本以 108 篇的总发文量紧随其后排名第四。排名前四位的国家发文总量占全球总发文量的 58.70%，排名前六位的国家发文总量占全球总发文量的 70.83%。可见，全球农业机器人领域的研究分布相对聚焦。

（3）中国、西班牙、伊朗、荷兰、澳大利亚和美国等国家在农业机器人领域中的自主研究能力较强。TOP15 高生产力国家的第一/通讯作者发文量占比均超过 50%。其中，中国的第一/通讯作者发文量占比最高，为 98.21%；西班牙、伊朗、荷兰、澳大利亚和美国的第一/通讯作者发文量占比均超过 80%。可见，这些国家在农业机器人领域以本国自主研究或主持合作研究为主，自主研究能力较强。

2. 国家影响力分析

全球农业机器人领域共有 67 个国家的相关研究文献被引用。以全球农业机器人领域总被引频次大于 500 次的 14 个国家作为高影响力国家的研究对象，对其各类总被引频次情况进行统计分析，如彩图 1-4 所示。

（1）各国之间影响力差距悬殊。TOP14 高影响力国家中总被引频次最高达 6 872次，最低为 520 次，两者相差超 13 倍；第一/通讯作者总被引频次最高达 5 942次，最低为 303 次，两者相差超 19 倍。可见，高影响力国家之间存在很大差距。

（2）美国、中国、西班牙等国家在农业机器人领域的影响力远高于其他国家。美国以 6 872次的总被引频次、5 942次的第一/通讯作者总被引频次稳居首位；中国以 3 730次的总被引频次、3 050次的第一/通讯作者总被引频次排在第二位；西班牙以 3 002次的总被引频次和 2 601次的第一/通讯作者总被引频次排在第三位。同时，这三个国家总被引频次与第一/通讯作者总被引频次均远远高于其他国家。可见，美国、中国和西班牙在农业机器人领域的研究成果具有很高的影响力。

（3）全球农业机器人领域自主研发比例较高。TOP14 高影响力国家的第一/通讯作者总被引频次占比大多超过 50%。其中，荷兰的第一/通讯作者总被引频次占比最高，为 96.30%；澳大利亚的第一/通讯作者总被引频次占比为 95.46%；此外，西班牙、美国、中国、韩国的第一/通讯作者总被引频次占比均超过 80%。说明这些国家在农业机器人领域的研究中以本国自主研究或主持合作研究为主，自主研究能力较强。

3. 国家论文质量分析

以全球农业机器人领域总被引频次大于 500 次的 14 个国家作为高竞争力国家的研究对象，对其篇均被引频次、第一/通讯作者篇均被引频次情况进行统计分析，如彩图 1-5 所示。

（1）各国的论文质量差异较大。TOP14 国家中，论文篇均被引频次、第一/通讯作者篇均被引频次最高的分别为 30.95 次和 33.6 次，最低的仅为 11.10 次和 9.24 次。可见，各国单篇成果的质量具有明显的差距。

（2）美国、意大利、荷兰等国家在农业机器人领域的论文质量远超其他国家。美国的篇均被引频次排在第一位、第一/通讯作者篇均被引频次排在第二位，分别高达 30.95 次和 33.01 次，说明其在全球农业机器人领域的整体论文质量和第一/通讯作者的论文质量均较高；意大利以 30.34 次的篇均被引频次排在第二位，以 32.94 次的第一/通讯作者篇均被引频次位居第三；荷兰以 30.13 次的篇均被引频次排在第三位，以 33.60 次的第一/通讯作者篇均被引频次排在第一位。可见，美国、意大利、荷兰在农业机器人领域的论文质量较高。此外，丹麦、西班牙和韩国的篇均被引频次、第一/通讯作者篇均被引频次也均高于 20 次以上。

（3）中国在全球农业机器人领域论文质量相对较低。在全球农业机器人领域，中国的总发文量和第一/通讯作者发文量均远高于其他国家，但论文篇均被引频次和第一/通讯作者篇均被引频次分别为 11.10 次和 9.24 次，排在 TOP14 国家最后。可见，中国在全球农业机器人领域的论文质量相对较低，有待进一步提升。

4. 国家发文态势分析

以全球农业机器人领域发文量大于 30 篇的 14 个国家作为研究对象，对其发文态势情况进行对比分析，如彩图 1-6 所示。

（1）各国家在农业机器人领域研究的起步时间差别较大，法国、美国和以色列起步较早。法国于 1984 年开始农业机器人领域的研究，起步最早；美国、以色列分别于 1987 年、1990 年开始农业机器人领域的研究，起步较早；荷兰、日本、意大利、西班牙、英国、德国、加拿大、中国和韩国均在 1995—1998 年开始农业机器人领域的研究，起步相对较早；澳大利亚、印度分别于 2002 年、2008 年开始农业机器人领域的研究，起步较晚。

（2）各国家在农业机器人领域研究的时间持续性差异较大，美国相关研究的持续时间最久。美国从 1987 年开始，对农业机器人领域进行了长达 35 年的持续性研究；西班牙、日本、英国、意大利、韩国、德国、荷兰对农业机器人领域进行了 20~30 年的持续性研究；其他国家对农业机器人领域持续性研究的时间均在 20 年以下。

（3）TOP14 国家中，大多数国家在农业机器人领域的论文产出呈现波动增长态势，中国近年来发文量全球最高。近年来，中国、美国、西班牙、日本、英国、意大利、澳大利亚、法国等多个国家在农业机器人领域的论文产出呈波动增长趋势；以色列则呈波动下降趋势。其中，中国在全球农业机器人领域的发文量从 2017 年开始一直稳居全球第一，总发文量也居首位，且遥遥领先于其他国家。

5. 国家合作分析

以全球农业机器人领域有合作关系的 64 个国家作为研究对象，以国家合作频次为指标，构建国家合作关系矩阵；并根据该矩阵，用 VOSviewer 软件绘制国家合作关系网络，如彩图 1-7 所示。

可见，全球农业机器人领域共形成了四大学术合作群体。

（1）以美国为核心的学术合作群体，包括韩国、印度、越南、土耳其、爱尔兰等国家，这些国家主要集中在东亚、南亚、东南亚、欧洲等地区。

（2）以中国为核心的学术合作群体，包括日本、马来西亚、英国、加拿大、克罗地亚、沙特阿拉伯等国家，这些国家主要集中在东亚、东南亚、欧洲、北美洲等地区。

（3）以澳大利亚为核心的学术合作群体，包括葡萄牙、苏格兰、挪威、巴西、阿根廷、伊朗、芬兰等国家，这些国家主要集中在西欧、北欧、南美洲等地区。

（4）以西班牙和意大利为核心的学术合作群体，包括德国、法国、荷兰、以色列、丹麦、墨西哥、比利时等国家，这些国家主要集中在中欧、西欧、西亚、北美洲等地区。

同时，中国与其他国家在农业机器人领域开展了广泛合作，已经形成足够的国际影响力，以中国为核心的学术合作群体已经初具规模。

三、机构竞争力

1. 机构生产力分析

以全球农业机器人领域发文量大于14篇的16个机构作为高生产力机构的研究对象，对其总发文量、第一/通讯作者发文量及其占比情况进行统计分析，如彩图1-8所示。

（1）各机构之间生产力差距较大。TOP16高生产力机构中总发文量最高达39篇，最低为15篇，两者相差2.6倍；第一/通讯作者发文量最高达30篇，最低为7篇，两者相差约4.3倍。可见，高生产力机构之间存在较大差距。

（2）加利福尼亚大学、江苏大学、瓦格宁根大学是全球农业机器人领域的重要产出机构。加利福尼亚大学以39篇的总发文量排在首位，以27篇的第一/通讯作者发文量排在第二位；江苏大学以35篇总发文量排在第二位，以30篇的第一/通讯作者发文量排在第一位；瓦格宁根大学紧随其后，分别以34篇的总发文量、25篇的第一/通讯作者发文量位居第三位。可见，这三家机构也是全球农业机器人领域的重要产出机构。另外，中国科学院、中国农业大学、佛罗里达大学的总发文量均在20~30篇；同时，以色列农业研究机构和西北农林科技大学的第一/通讯作者发文量均在15篇以上。

（3）以色列农业研究机构、西北农林科技大学、江苏大学、浙江大学等机构在全球农业机器人领域的自主研究能力较强。TOP16高生产力机构的第一/通讯作者发文量占比大多超过50%。其中，以色列农业研究机构的第一/通讯作者发文量占比最高，为89.47%；其次是西北农林科技大学、江苏大学和浙江大学，第一/通讯作者发文量占比分别为88.88%、85.71%、81.25%；华南农业大学、香川大学、瓦格宁根大学和东京大学的第一/通讯作者发文量占比均超过70%。可见，这些机构在全球农业机器人领域以本机构自主研究或主持合作研究为主，自主研究能力较强。

（4）中国高生产力机构数量较多。将高生产力机构按照所属国家进行分类统计发现，这16个高生产力机构分别隶属于7个国家，如彩图1-9所示。拥有高生产力机构最多的国家为中国（7家），其次为以色列（2家）、日本（2家）和美国（2家）。中国进入该领域高生产力机构行列的有江苏大学、中国科学院、中国农业大学、西北农林科技大学、华南农业大学、浙江大学和北京理工大学。

2. 机构影响力分析

以全球农业机器人领域总被引频次大于400次的14个机构作为高影响力机构的研究对象，对其被引频次、第一/通讯作者被引频次及其占比情况进行统计分析，如彩图1-10所示。

（1）各机构之间影响力差距较大。TOP14高影响力机构中总被引频次最高达984

次，最低为 405 次，两者相差约 2.4 倍；第一/通讯作者被引频次最高达 701 次，最低为 5 次，两者相差约 140 倍。可见高影响力机构之间存在很大差距。

（2）加利福尼亚大学、芝加哥大学、华盛顿大学、夏威夷大学等机构在全球农业机器人领域的影响力远超其他机构。加利福尼亚大学以 984 次的总被引频次、701 次的第一/通讯作者被引频次排在首位；芝加哥大学、华盛顿大学、夏威夷大学、以色列农业研究机构、江苏大学和麻省理工学院的总被引频次和第一/通讯作者被引频次均排在前十位。可见，这些机构在全球农业机器人领域的研究成果拥有很高的影响力。

（3）芝加哥大学、比萨圣安娜高等学校、华盛顿大学、以色列农业研究机构等在全球农业机器人领域自主研究能力较强。TOP14 高影响力机构的第一/通讯作者被引频次占比大多超过 50%。其中，芝加哥大学和比萨圣安娜高等学校的第一/通讯作者被引频次占比最高，为 100%；华盛顿大学和以色列农业研究机构的第一/通讯作者被引频次占比分别为 99.30%、92.84%，排在第二名和第三名；此外，卡西诺大学、江苏大学、夏威夷大学、约翰斯·霍普金斯大学、加利福尼亚大学的第一/通讯作者被引频次占比均超过 70%。可见，这些机构在研究中以本机构自主研究或主持合作研究为主，自主研究能力较强。

（4）美国高影响力机构最多。将高影响力机构按照所属国家进行分类统计，这 14 个高影响力机构分别隶属于 6 个国家，如彩图 1-11 所示。拥有高影响力机构最多的国家为美国（7 家），其次是意大利（2 家）和以色列（2 家）。而中国进入该领域高影响力机构行列的只有江苏大学。

3. 机构论文质量分析

以全球农业机器人领域发文量大于 9 篇，同时总被引频次高于 200 次的 19 个机构作为高竞争力机构的研究对象，对其篇均被引频次、第一/通讯作者篇均被引频次情况进行统计分析，如彩图 1-12 所示。

（1）高竞争力机构的论文质量差异较大。TOP19 高竞争力机构中，论文篇均被引频次、第一/通讯作者篇均被引频次最高的分别为 47.92 次和 47.75 次，最低的仅为 12.17 次和 9.07 次。可见，高竞争力机构论文质量具有明显的差距。

（2）麻省理工学院和卡西诺大学在全球农业机器人领域的论文质量远高于其他机构。麻省理工学院的篇均被引频次为 47.92 次，排在第一位，第一/通讯作者篇均被引频次为 41.85 次，排在第二位；卡西诺大学以 34.58 次的篇均被引频次排在第二位，以 47.75 次的第一/通讯作者篇均被引频次排名第一位。可见，麻省理工学院和卡西诺大学在全球农业机器人领域的整体论文质量、第一/通讯作者论文质量都较高。另外，首尔大学、瓦格宁根大学和加利福尼亚大学的篇均被引频次和第一/通讯作者篇均被引频次均高于 25 次。

（3）中国机构在全球农业机器人领域的论文质量相对较低。中国机构中，江苏大学和北京理工大学篇均被引频次和第一/通讯作者篇均被引频次均在 10~15 次，在 TOP19 中排名较低，而华南农业大学的第一/通讯作者篇均被引频次更低，在 10 次以下。总体来看，中国机构在全球农业机器人领域的论文质量相对较低。

（4）美国拥有高竞争力机构最多。将高竞争力机构按照所属国家进行分类统计，这 19 个高竞争力机构分别隶属于 9 个国家，如彩图 1-13 所示。美国拥有 4 家高竞争力机构，最多；其次是中国和日本各自拥有 3 家；意大利、以色列、澳大利亚各拥有 2 家。中国进入该领域高竞争力机构行列的有北京理工大学、江苏大学和华南农业大学。

4. 机构发文态势分析

以全球农业机器人领域发文量大于 15 篇的 16 个机构作为研究对象，对其发文态势情况进行对比分析，如彩图 1-14 所示。

（1）各机构在全球农业机器人领域研究的起步时间差别较大，佛罗里达大学、加利福尼亚大学、以色列农业研究机构起步较早。佛罗里达大学于 1987 年开始农业机器人领域的研究；加利福尼亚大学和以色列农业研究机构均于 1991 年开始农业机器人领域的研究；这三个机构起步较早。麻省理工学院、挪威生命科学大学、东京大学、瓦格宁根大学和本·古里安大学于 1995—2000 年开始农业机器人领域的研究，起步相对较早。中国的中国农业大学、江苏大学、中国科学院、西北农林科技大学、华南农业大学、浙江大学等机构都是在 2003 年之后才开始农业机器人领域的研究，起步相对较晚。

（2）各个机构在全球农业机器人领域研究的时间持续性差异较大，瓦格宁根大学和加利福尼亚大学相关研究的持续时间最久。瓦格宁根大学和加利福尼亚大学对农业机器人领域进行长达 21 年的间歇性研究；佛罗里达大学和江苏大学对农业机器人领域分别进行了长达 17 年和 12 年的间歇性研究；其他机构研究的时间持续性均在 10 年以下。

（3）大多数机构在全球农业机器人领域的论文产出波动增长。近年来，加利福尼亚大学、江苏大学、中国科学院、华南农业大学、浙江大学和挪威生命科学大学等机构在农业机器人领域的论文产出波动增长；佛罗里达大学和以色列农业研究机构在农业机器人领域的论文产出呈明显下降趋势。

5. 机构合作分析

以全球农业机器人领域发文量大于 4 篇的 114 个机构作为研究对象，以机构之间合作频次为指标，构建机构合作关系矩阵；并根据该矩阵，用 VOSviewer 软件绘制机构合作关系网络，如彩图 1-15 所示。

在全球农业机器人领域机构之间合作密切，合作关系网络整体可以分为四大学术合作群体。

（1）以瓦格宁根大学为核心的学术合作群体，包括悉尼大学、以色列农业研究机构、本·古里安大学、昆士兰理工大学、以色列理工学院等机构，是以色列、澳大利亚等国家的学术合作群体。

（2）以加利福尼亚大学为核心的学术合作群体，包括中国科学院、佛罗里达大学、卡西诺大学、比萨大学、首尔大学等机构，是美国、中国、意大利、韩国等国家的学术合作群体。

（3）以江苏大学为核心的学术合作群体，包括西北农林科技大学、中国农业大学、华南农业大学、重庆大学、哈尔滨工程大学等机构，是中国的学术合作群体。

（4）以挪威生命科学大学和北京理工大学为核心的学术合作群体，包括麻省理工学院、香川大学、东京大学、奥尔胡斯大学、伊利诺伊大学、瓦伦西亚理工大学、南京农业大学等机构，是美国、日本、中国、丹麦、西班牙等国家的学术合作群体。

四、学者竞争力

1. 学者生产力分析

以全球农业机器人领域发文量大于 7 篇的 23 位学者为高生产力学者研究对象，对其发文量、第一/通讯作者发文量及占比、所属机构和国家分布情况进行统计分析，如表 1-1 所示。

表 1-1　全球农业机器人领域高生产力学者列表

学者	发文量（篇）	第一/通讯作者发文量（篇）	第一/通讯作者发文量占比（%）	机构	国家
Guo Shuxiang	17	10	58.82	北京理工大学	中国
Edan Yael	15	3	20	本·古里安大学	以色列
Zhao Dean	14	2	14.28	江苏大学	中国
Slaughter David C	14	6	42.85	加利福尼亚大学	美国
Caccia Massimo	14	11	78.57	意大利国家研究理事会	意大利
Zou Xingjun	12	5	41.66	华南农业大学	中国
Halachmi Ilan	12	10	83.33	以色列农业研究机构	以色列
Gonzalez-De-Santos Pablo	11	3	27.27	马德里理工大学	西班牙
Bruzzone Gabriele	11	1	9.09	意大利国家研究理事会	意大利
Hemming Jochen	10	1	10	瓦格宁根大学	荷兰
Fennimore Steven A	10	4	40	加利福尼亚大学	美国
Zhou Jun	9	7	77.77	南京农业大学	中国
Van Henten E J	9	7	77.77	瓦格宁根大学	荷兰
He Yanlin	9	7	77.77	北京信息科技大学	中国
Antonelli Gianluca	9	7	77.77	卡西诺大学	意大利
Zhu Daqi	8	7	77.77	上海海事大学	中国
Son Changman	8	8	100	檀国大学	韩国
Noguchi Noboru	8	5	62.50	北海道大学	日本
Nakaji Kei	8	7	87.50	九州大学	日本
Jia Weikuan	8	7	87.50	山东师范大学	中国

学者	发文量（篇）	第一/通讯作者发文量（篇）	第一/通讯作者发文量占比（%）	机构	国家
Blasco Jose	8	5	62.50	瓦伦西亚农业研究所	西班牙
Aleixos Nuria	8	1	12.50	瓦伦西亚理工大学	西班牙
Ji Wei	8	8	100	江苏大学	中国

（1）中国拥有最多的高生产力学者。TOP23 位高生产力学者分别隶属于 8 个国家、19 个机构。其中，国家主要分布于中国（8 位）、意大利（3 位）、西班牙（3 位）等；机构主要分布于意大利国家研究理事会（2 位）、瓦格宁根大学（2 位）、江苏大学（2 位）和加利福尼亚大学（2 位）等。

（2）各学者之间生产力差距明显，Guo Shuxiang 的生产力最高。TOP23 高生产力学者中发文量在 10 篇以上的学者共有 11 位。其中，总发文量最高的学者为 Guo Shuxiang，达到了 17 篇；其次是 Edan Yael，发文量为 15 篇；Zhao Dean、Slaughter David C 和 Caccia Massimo 的发文量都是 14 篇；发文量最低的 Ji Wei 则为 8 篇。可见，高生产力学者之间存在明显差距。

（3）Son ChangMan、Ji Wei、Nakaji Kei、Jia Weikuan 和 Halachmi Ilan 等学者在全球农业机器人领域的自主研究能力较强。TOP23 高生产力学者中大部分学者的第一/通讯作者发文量占比超过 50%。其中，Son ChangMan 和 Ji Wei 的第一/通讯作者发文量占比最高，均为 100%；其次，Nakaji Kei、Jia Weikuan 和 Halachmi Ilan 的第一/通讯作者发文量占比分别为 87.50%、87.50% 和 83.33%。可见，这些学者在全球农业机器人领域中以自主研究或主持合作研究为主，自主研究能力较强。同时，Caccia Massimo、Zhou Jun、Van Henten E J、He Yanlin、Antonelli Gianluca、Zhu Daqi、Noguchi Noboru 等学者的第一/通讯作者发文量占比也均在 60% 以上。

2. 学者影响力分析

以全球农业机器人领域总被引频次大于 250 次的 23 位学者作为高影响力学者的研究对象，对其被引频次、第一/通讯作者被引频次及其占比情况、所属机构和国家分布情况进行统计分析，如表 1-2 所示。

表 1-2　全球农业机器人领域高影响力学者列表

学者	总被引频次（次）	第一/通讯作者总被引频次（次）	第一/通讯作者总被引频次占比（%）	机构	国家
Hemming Jochen	707	45	6.36	瓦格宁根大学	荷兰
Slaughter David C	635	588	92.59	加利福尼亚大学	美国

（续表）

学者	总被引频次（次）	第一/通讯作者总被引频次（次）	第一/通讯作者总被引频次占比（%）	机构	国家
Brown Eric	599	599	100	芝加哥大学	美国
Eriksen C C	568	568	100	华盛顿大学	美国
Van Henten E J	534	470	88.01	瓦格宁根大学	荷兰
Yuh J	518	514	99.22	夏威夷大学	美国
Edan Yael	479	106	22.12	本·古里安大学	以色列
Laschi Cecilia	447	437	97.76	比萨圣安娜高等研究学院	意大利
Caccta Massimo	412	386	93.68	意大利国家研究理事会	意大利
Aleixos Nuria	388	34	8.76	瓦伦西亚理工大学	西班牙
Blasco Jose	388	329	84.79	瓦伦西亚农业研究所	西班牙
Antonelli Gianluca	384	363	94.53	卡西诺大学	意大利
Bonin-Font Francisco	337	336	99.70	巴利阿里群岛大学	西班牙
Lee Jung-Myung	336	336	100	庆熙大学	韩国
Bruzzone Gabriele	317	2	0.63	意大利国家研究理事会	意大利
Astrand Bjorn	295	285	96.61	哈尔姆斯塔德大学	瑞典
Karkee Manoj	294	241	81.97	华盛顿州立大学	美国
Zhang Q	284	6	2.11	华盛顿州立大学	美国
Ribeiro Angela	284	37	13.02	马德里理工大学	西班牙
Molto E	261	91	34.86	瓦伦西亚农业研究所	西班牙
Bechar Avital	259	233	89.96	以色列农业研究机构	以色列
Guo Shuxiang	256	115	44.92	北京理工大学	中国
Halachmi Ilan	256	205	80.07	以色列农业研究机构	以色列

（1）美国拥有的高影响力学者最多。TOP23 位高影响力学者分别隶属于 8 个国家、18 个机构。其中，国家主要分布于美国（6 位）、西班牙（5 位）、意大利（4 位）、以色列（3 位）、荷兰（2 位）等；机构主要分布于意大利国家研究理事会（2 位）、以色列农业研究机构（2 位）、瓦伦西亚农业研究所（2 位）、瓦格宁根大学（2 位）、华盛顿州立大学（2 位）等。

（2）各学者之间影响力差距较大，Hemming Jochen 的影响力最高。TOP23 高影响力学者中总被引频次在 500 次以上的共有 6 位。其中，总被引频次最高的学者为 Hemming Jochen，达到了 707 次；其次是 Slaughter David C 和 Brown Eric，分别达到了 635 次和 599 次。这些学者在全球农业机器人领域的研究成果拥有极高的影响力。

（3）Brown Eric、Eriksen C C 和 Lee Jung-Myung 等学者在全球农业机器人领域主导研发比例最高。TOP23 高影响力学者中，大部分学者的第一/通讯作者总被引频次占比超过 50%。其中，Brown Eric、Eriksen C C 和 Lee Jung-Myung 的第一/通讯作者总被引频次占比最高，为 100%，主导研发比例最高；另外，Bonin-Font Francisco、Yuh J、Laschi Cecilia、Astrand Bjorn、Antonelli Gianluca、Caccta Massimo 和 Slaughter David C 的第一/通讯作者总被引频次占比均超过 90%。而 Bechar Avital、Van Henten E J、Blasco Jose、Karkee Manoj 和 Halachmi Ilan 等的第一/通讯作者总被引频次占比也均超过 80%。可见，这些学者在全球农业机器人领域以自主研究或主持合作研究比例较高。

3. 学者论文质量分析

以全球农业机器人领域发文量大于 4 篇，同时总被引频次大于 200 次的 20 位学者作为高竞争力学者研究对象，并对其篇均被引频次、第一/通讯作者篇均被引频次进行统计分析，如彩图 1-16 所示。

（1）西班牙拥有最多的高竞争力学者。20 位高竞争力学者分别隶属于 7 个国家、15 个机构。其中，国家主要分布于西班牙（5 位）、美国（4 位）、意大利（3 位）、以色列（3 位）等；机构主要分布于意大利国家研究理事会（2 位）、以色列农业研究机构（2 位）、瓦格宁根大学（2 位）、马德里理工大学（2 位）、华盛顿州立大学（2 位）等。

（2）高竞争力学者的论文质量大多高于全球平均水平。全球农业机器人领域学者的篇均被引频次为 18.46 次，除 Guo Shuxiang 外，其他高竞争力学者的篇均被引频次均高于全球学者的平均值；同时，仅有三位学者的第一/通讯作者篇均被引频次低于全球平均值。可见，高竞争力学者的论文质量与其他学者相比具有明显优势。

（3）Yuh J、Van Henten E J 和 Bonin-Font Francisco 等学者在全球农业机器人领域的论文质量最高。高竞争力学者中，Yuh J、Van Henten E J 和 Bonin-Font Francisco 的篇均被引频次和第一/通讯作者篇均被引频次均高于 50 次，可见，这三位学者在全球农业机器人领域的整体论文质量最高；Hemming Jochen 和 Zhang Q 两位学者的篇均被引频次均高于 50 次，但第一/通讯作者篇均被引频次相对较低；此外，Karkee Manoj、Blasco Jose、Slaughter David C、Bechar Avital、Antonelli Gianluca 和 Zhao Dean 等几位学者的第一/通讯作者篇均被引频次均高于 50 次，且明显高于篇均被引频次，可见自主研究或主持合作研究的成果质量较高。

4. 学者发文态势分析

以全球农业机器人领域发文量大于 5 篇的 15 个学者作为研究对象，对其发文态势情况进行对比分析，如彩图 1-17 所示。

（1）各个学者在全球农业机器人领域研究的起步时间差别较大，Slaughter David C、Edan Yael 等起步最早。Slaughter David C 于 1987 年开始农业机器人领域的研究，起步最早；Edan Yael 紧随其后，于 1990 年开始相关研究工作；Caccia Massimo 和 Bruzzone Gabriele 分别于 1998 年、1999 年开始相关研究；此外，还有 Halachmi Ilan、Hemming

Jochen、Van Henten E J、Antonelli Gianluca 等 4 位学者均在 2005 年前开展的相关研究；最晚的是 Zou Xingjun、He Yanlin 和 Zhou Jun，从 2015 年以后才开始相关研究。可见，不同学者开始研究的时间差别较大。

（2）近年来，各学者在全球农业机器人领域的论文产出趋势各不相同。Guo Shuxiang、Edan Yael、Zou Xingjun、Zhao Dean 和 Zhou Jun 等学者在农业机器人领域的论文产出波动增长。其中，Guo Shuxiang 近年来每年都有产出，总发文量呈波动性增长。Caccia Massimo、Halachmi Ilan、Bruzzone Gabriele、Van Henten EJ 和 Antonelli Gianluca 等学者近年来在农业机器人领域的论文呈逐渐减少的趋势。

5. 学者合作分析

以全球农业机器人领域发文量大于 2 篇的 66 位学者作为研究对象，以学者之间合作频次为指标，构建学者合作关系矩阵；并根据该矩阵，用 VOSviewer 软件绘制学者合作关系网络，如彩图 1-18 所示。

全球农业机器人领域合作网络主要分为 11 个学术合作群体。其中，学者数不少于 6 人的群体有 5 个，分别如下。

（1）以 Edan Yael、Hemming Jochen、Hurtser Polina、Barth ruud、Barnea Ehud 和 Ben-shahar Ohad 等为核心的本·古里安大学学术合作群体。

（2）以 Bechar Avital、Degani Amir、Halachmi Ilan、Bloch Victor、Van Henten E J 和 Berman Sigal 等为核心的以色列农业研究机构学术合作群体。

（3）以 Rajan Kanna、Eidsvik Jo、Mendes Renato、Johnsen Geir 和 Fossum Trygve Olav 等为核心的挪威科技大学学术合作群体。

（4）以 Corke Peter、Upcroft Ben、English Andrew、Ball David 和 Wyeth Gordon 等为核心的昆士兰科技大学学术合作群体。

（5）以 Sukkarieh Salah、Bargoti Suchet、Underwood James、Gutierrez Salvador 和 Wendel Alexander 等为核心的悉尼大学学术合作群体。

五、学科竞争力

1. 学科竞争力分析

采用 Web of Science 学科分类体系，对全球农业机器人领域各学科的发文量、总被引频次进行统计分析，如彩图 1-19、彩图 1-20 所示。

（1）全球农业机器人研究涉及学科门类众多，但研究相对聚焦。全球农业机器人领域的研究共分布在 67 个学科类别中，说明研究涉及学科门类众多，学科交叉融合明显。其中，工程以 416 篇的发文量排在首位，远远高于其他学科；农业、计算机科学、机器人分别以 355 篇、347 篇、310 篇的发文量紧随其后；另外，自动化与控制系统、化学、仪器和仪表、电信、海洋学、材料科学等学科的发文量均在 50 篇以上。这 10 个学科的发文量占全部发文量的 80% 以上，可见，研究相对聚焦。

（2）全球农业机器人领域各学科的影响力差距悬殊，工程学科的影响力最高。在 67 个学科中，工程学科的总被引频次排名第一，高达 7 338 次，远远超过其他学科；其次是农业、计算机科学、机器人等学科，相关文献总被引频次均在 6 000 次以上；再次是自动化与控制系统、海洋学等学科，总被引频次均在 2 000 次以上。可见，各学科之间的影响力差距很大。

（3）工程、农业、计算机科学、机器人、自动化与控制系统等学科综合竞争力相对较高，这 5 个学科发文量和总被引频次均排在前五位。另外，海洋学、仪器和仪表、化学、电信等学科的发文量和总被引频次均排在前 10 位，这些学科也具有较高的综合竞争力。

2. 学科发文趋势分析

通过统计全球农业机器人领域发文量大于 40 篇的 12 个学科类别的发文趋势情况，如彩图 1-21 所示。

（1）工程、计算机科学、农业是全球农业机器人领域研究的基础优势学科。工程和计算机科学自 1984 年就开始开展农业机器人领域的研究，农业于 1987 年开始农业机器人领域的研究，机器人和自动化与控制系统于 1991 年开始农业机器人领域的研究，这几个学科在农业机器人领域相关研究起步较早，并且能大多时间保持持续性研究，同时相关研究的发文量呈逐年上升趋势。尤其是工程、农业、计算机科学的发文量较多，说明这些学科是全球农业机器人领域基础研究的重点优势学科。

（2）全球农业机器人领域呈现新兴学科融合发展态势。仪器和仪表、电信、物理等学科在全球农业机器人领域的研究起步较晚，均在 2008 年以后。近年来，相关学科的发文量逐步增长且呈现研究持续性状态，逐步成为全球农业机器人领域的新兴学科。

六、期刊竞争力

1. 期刊竞争力分析

以全球农业机器人领域载文量大于 4 篇，同时总被引频次大于 250 次的 19 种期刊作为高竞争力期刊的研究对象，并对其载文量、总被引频次、篇均被引频次及影响因子进行统计分析，如表 1-3 所示。

表 1-3　全球农业机器人领域高竞争力期刊列表

期刊名称	载文量（篇）	载文量排名	总被引频次（次）	总被引频次排名	篇均被引频次（次）	篇均被引频次排名	影响因子	影响因子排名
COMPUTERS AND ELEC-TRONICS IN AGRICUL-TURE	105	1	2 490	1	23.71	15	3.858	4
BIOSYSTEMS ENGINEER-ING	61	2	1 871	2	30.67	13	3.215	10
SENSORS	48	3	718	7	14.95	18	3.275	9

（续表）

期刊名称	载文量（篇）	载文量排名	总被引频次（次）	总被引频次排名	篇均被引频次（次）	篇均被引频次排名	影响因子	影响因子排名
JOURNAL OF FIELD RO-BOTICS	41	4	908	5	22.14	17	3.581	8
IEEE ROBOTICS AND AUTOMATION LETTERS	32	5	285	18	8.90	19	3.608	5
OCEAN ENGINEERING	21	6	786	6	37.42	8	3.068	12
JOURNAL OF INTELLIG-ENT & ROBOTIC SYS-TEMS	21	6	579	9	27.57	14	2.259	17
ROBOTICS AND AUTON-OMOUS SYSTEMS	20	8	472	11	23.6	16	2.825	15
AUTONOMOUS ROBOTS	19	9	971	4	51.11	5	3.602	6
ADVANCED ROBOTICS	16	10	635	8	39.68	6	1.247	18
IEEE JOURNAL OF OCE-ANIC ENGINEERING	14	11	1 028	3	73.42	1	3.005	13
INTERNATIONAL JOURNAL OF ROBOTICS RESEARCH	14	11	451	12	32.21	12	4.703	3
TRANSACTIONS OF THE ASAE	12	13	476	10	39.66	7	1.042	19
CONTROL ENGINEERI-NG PRACTICE	11	14	410	13	37.27	9	3.193	11
IEEE ROBOTICS & AUTO-MATION MAGAZINE	10	15	324	17	32.4	11	3.591	7
MECHATRONICS	8	16	263	19	32.87	10	2.992	14
IEEE – ASME TRANSAC-TIONS ON MECHATRON-ICS	7	17	386	14	55.14	4	5.673	1
IEEE TRANSACTIONS ON CONTROL SYSTEMS TECHNOLOGY	6	18	368	15	61.33	3	5.312	2
SCIENTIA HORTICULTU-RAE	5	19	348	16	69.6	2	2.769	16

（1）各个期刊在全球农业机器人领域的生产力、影响力和论文质量差距较大。TOP19 高竞争力期刊中关于农业机器人的载文量最高达 105 篇，最低为 5 篇，表明各期刊生产力差距较大。其中，《COMPUTERS AND ELECTRONICS IN AGRICULTURE》

（105 篇）、《BIOSYSTEMS ENGINEERING》（61 篇）和《SENSORS》（48 篇）是载文量最多的三种期刊，表明这三种期刊在全球农业机器人领域的生产力最高。

TOP19 高竞争力期刊中被引频次最高达 2 490 次，最低为 263 次，表明各期刊影响力差距较大。其中，《COMPUTERS AND ELECTRONICS IN AGRICULTURE》（2 490 次）、《BIOSYSTEMS ENGINEERING》（1 871 次）和《IEEE JOURNAL OF OCEANIC ENGINEERING》（1 028 次）的总被引频次排在前三位，表明这三种期刊在全球农业机器人领域的影响力最高。

TOP19 高竞争力期刊中篇均被引频次最高达 73.42 次，最低为 8.90 次，表明论文质量差距较大。排在前三位的是《IEEE JOURNAL OF OCEANIC ENGINEERING》（73.42 次）、《SCIENTIA HORTICULTURAE》（69.6 次）、《IEEE TRANSACTIONS ON CONTROL SYSTEMS TECHNOLOGY》（61.33 次），表明这 3 种期刊在全球农业机器人领域的论文质量最高。

TOP19 高竞争力期刊中影响因子最高达 5.673，最低为 1.042，影响因子差距较大。影响因子排在前三位的期刊是《IEEE - ASME TRANSACTIONS ON MECHATRONICS》（5.673）、《IEEE TRANSACTIONS ON CONTROL SYSTEMS TECHNOLOGY》（5.312）、《INTERNATIONAL JOURNAL OF ROBOTICS RESEARCH》（4.703）。

（2）《AUTONOMOUS ROBOTS》是全球农业机器人领域综合竞争力最高的期刊。综合四项指标来看，只有《AUTONOMOUS ROBOTS》的期刊载文量、总被引频次、篇均被引频次和影响因子均排在前 10 位，表明其综合竞争力最高；而有 3 项指标排在前 10 位的期刊有：《COMPUTERS AND ELECTRONICS IN AGRICULTURE》《BIOSYSTEMS ENGINEERING》《SENSORS》《JOURNAL OF FIELD ROBOTICS》《OCEAN ENGINEERING》和《ADVANCED ROBOTICS》，说明这些期刊在全球农业机器人领域的综合竞争力相对较高。

2. 期刊载文态势分析

通过统计全球农业机器人领域相关载文量大于 15 篇的 15 种高载文量期刊的年度载文变化情况，如彩图 1-22 所示。

（1）各期刊关注农业机器人领域的时间不同，《AUTONOMOUS ROBOTS》《AD-VANCED ROBOTICS》《COMPUTERS AND ELECTRONICS IN AGRICULTURE》等期刊最早关注农业机器人领域。

《AUTONOMOUS ROBOTS》《ADVANCED ROBOTICS》等期刊于 1996 年最早开始关注农业机器人领域；《COMPUTERS AND ELECTRONICS IN AGRICULTURE》期刊于 1997 年开始关注农业机器人领域的研究，这三种期刊最早关注农业机器人领域。《RO-BOTICS AND AUTONOMOUS SYSTEMS》期刊于 1999 年开始关注农业机器人领域的研究；《BIOSYSTEMS ENGINEERING》《INDUSTRIAL ROBOT - THE INTERNATIONAL JOURNAL OF ROBOTICS RESEARCH AND APPLICATION》《OCEAN ENGINEERING》和《JOURNAL OF INTELLIGENT & ROBOTIC SYSTEMS》等期刊分别于 2001—2005 年开始关注农业机器人领域的研究，这些期刊关注农业机器人领域相对较早。《APPLIED SCI-ENCES-BASEL》《IEEE ACCESS》和《IEEE ROBOTICS AND AUTOMATION LETTERS》

等期刊于 2015 年以后才开始关注农业机器人领域的研究，相对较晚。

（2）各个期刊对农业机器人领域关注持续性差别明显，《COMPUTERS AND ELEC-TRONICS IN AGRICULTURE》关注的持续时间最长。

《COMPUTERS AND ELECTRONICS IN AGRICULTURE》于 1997 年开始对农业机器人领域进行长达 25 年的间歇性关注，持续时间最长；《BIOSYSTEMS ENGINEERING》《JOURNAL OF INTELLIGENT & ROBOTIC SYSTEMS》《OCEAN ENGINEERING》分别于 2002 年、2005 年、2005 年开始对农业机器人领域进行连续 20 年、17 年、17 年的持续性关注；其他期刊在农业机器人领域的关注持续时间均在 15 年以下。

（3）近年来，《COMPUTERS AND ELECTRONICS IN AGRICULTURE》《SENSORS》《IEEE ACCESS》等期刊在农业机器人领域的载文量增长较快，《ADVANCED ROBOTICS》的载文量逐渐减少。

《COMPUTERS AND ELECTRONICS IN AGRICULTURE》《SENSORS》《IEEE ACCESS》等期刊对农业机器人领域的载文量增速较快，年度载文量最高达到了 25 篇；《ADVANCED ROBOTICS》在农业机器人领域的载文量近年来不足 5 篇，呈现逐年减少的趋势。

第三节　领域研究主题分析

一、研究主题

经过聚类分析，构建领域关键词聚类图，如彩图 1-23 所示。可见，全球农业机器人领域的研究分为三大主题领域，分别为农林业机器人（红色）、畜牧业机器人（蓝色）和渔业机器人（绿色）。

1. 农林业机器人（红色）

通过对农业机器人关键词进行统计分析，可发现两个主要研究方向。

（1）对作物林地等的识别监测，该分类包含的关键词有：产量估算、作物行检测、反射率、图像分析、图像识别、机器视觉、杂草检测、杂草识别、杂草防治、植物识别、水果检测、温度、特征提取、物体检测、现场评估、番茄检测、颜色分析等。

（2）采摘收获作业，该分类包含的关键词有：地面机器人、嫁接机器人、收割机器人、除草机器人、番茄嫁接、苹果收获机器人、采摘机器人等。

2. 畜牧业机器人（蓝色）

通过对畜牧业机器人关键词进行统计分析可知，本主题主要针对农场管理自主作业等方面。主要的关键词有：产量、农场管理、奶牛、挤奶频率、放牧、挤奶机器人、精准畜牧业、自动挤奶等。

3. 渔业机器人（绿色）

通过对渔业机器人关键词进行统计分析可知，本主题主要针对水下作业机器人的追踪、监控、识别等方面。主要的关键词有：两栖球形机器人、人机协作、冗余机器人、勘探、合作机器人、声呐、控制系统、无人水下航行器、无人水面车、水下机器人车、水下车辆、球形水下机器人、轨迹追踪、避障等。

二、研究热点及阶段性研究前沿

1. 研究热点分析

利用 VOSviewer 密度视图功能对全球农业机器人领域的研究热点进行分析，如彩图 1-24 所示。在密度视图中，从冷色调（蓝色）到暖色调（红色）表示关键词共现的频次越来越高，即研究主题的热度越来越高。可见，"系统""水下机器人""移动机器人""机械手""机器视觉"和"收割机器人"等主题词是本领域的热点研究方向。

2. 阶段性研究前沿分析

结合 VOSviewer 生成的关键词时区视图（定量地表示出不同研究热点的热度及其随时间变迁规律）和 Cite Space 生成的突现词列表（突现词是指短时间内使用频率骤增的关键词，可以表征研究前沿的发展趋势，突现词的突现值则表现了该词短时间内使用频率骤增的强度），如彩图 1-25、彩图 1-26 所示，可以得到如下结论。

（1）1995—2000 年突现词："奶牛""水下车辆""自适应控制"等。在这一阶段突现词较少，"奶牛"的突现时间为 13 年，突现值为 4.398 6；"水下车辆"的突现时间为 6 年，突现值为 4.797，突现值相对较高；"自适应控制"的突现时间为 8 年，突现值为 3.993 7。由此得出，农业机器人领域开始受到关注。

（2）2001—2010 年突现词："自动化""神经网络""机器人""机器人技术"等。在这一阶段突现词增加较少，"自动化"突现时间较长，为 11 年，且积累的突现值为 3.906；"神经网络"的突现时间为 10 年，突现值为 4.718 2，突现值相对较高；"机器人"的突现时间为 7 年，突现值为 5.959 1，突现值最高；"机器人技术"的突现时间为 3 年，突现值为 3.837 6。由此得出，在研究时限范围内，"神经网络"和"机器人"为全球农业机器人领域的重要研究关键词。

（3）2011—2022 年突现词："导航""水下机器人""设计""本土化""算法""运动学""水果检测""卷积神经网络""深度学习""任务分析"等。在这一阶段突现词增加较多，"导航"突现时间为 5 年，突现值为 3.878 9；"水下机器人"的突现时间为 6 年，突现时间较长，突现值为 4.434 4，突现值相对较高；"深度学习"的突现时间为 3 年，突现值为 6.799 4，突现值在此期间最高；"任务分析"的突现时间为 3 年，突现值为 5.604，突现值较高。由此得出，在研究时限范围内，"水下机器人""深度学习""任务分析"为全球农业机器人领域的重要研究关键词。

第二章　我国农业机器人领域发展态势分析

第一节　数据来源

数据源选择中国知网（CNKI）的中国期刊全文数据库，以"农业机器人"为主题，检索限定的时间范围是不限，期刊来源类别选定"SCI来源期刊""EI来源期刊""核心期刊""CSSCI来源期刊"，检索日期为2021年11月8日，共获取1 510篇相关核心文献。经过人工判读，利用软件进行数据清洗去掉不相关及信息不全的文献，确定1 053篇文献作为最终的研究数据集。

第二节　领域科研竞争力分析

一、概况

我国农业机器人领域的研究始于1994年，至今大体可以分为萌芽期、波动增长期、平稳发展期三个发展阶段，目前处于平稳发展期，如彩图2-1所示。

1. 第一阶段：萌芽期（1994—2004年）

我国农业机器人领域在核心期刊上的总发文量为38篇，平均每年约3篇。关注的机构和作者及研究成果均较少，但呈现小幅波动增长状态，表明我国农业机器人领域的研究开始缓慢发展。该时期的核心机构有中国农业大学、浙江大学、南京农业大学、吉林工业大学等。

2. 第二阶段：波动增长期（2005—2016年）

我国农业机器人领域在核心期刊上的总发文量为490篇，平均每年约41篇。研究成果呈波动增长状态，表明我国农业机器人领域的研究逐渐引起广泛关注。该时期的核心机构有中国农业大学、江苏大学、南京农业大学、西北农林科技大学、华南农业大学等。

3. 第三阶段：平稳发展期（2017—2022年）

我国农业机器人在核心期刊上的总发文量为525篇，平均每年约87篇。研究成果呈平稳发展状态且达到最高，说明我国农业机器人领域的研究已得到高度重视。该时期的核心机构有河南工业职业技术学院、华南农业大学、江苏大学、重庆理工大学、中国农业大学等。

二、机构竞争力

1. 机构生产力分析

以我国农业机器人领域核心期刊发文量大于 10 篇的 23 个机构作为高生产力机构的研究对象，对其总发文量情况进行统计分析，如彩图 2-2 所示。

（1）各机构之间生产力差距较大。TOP23 高生产力机构中总发文量最高达 97 篇，最低为 11 篇，两者相差约 9 倍；排名前三位高生产力机构的合计发文总量为 229 篇，占到 TOP23 高生产力机构总发文量的 38%。可见，高生产力机构之间存在较大差距。

（2）中国农业大学、江苏大学、华南农业大学等是我国农业机器人领域的重要产出机构。中国农业大学以 97 篇的总发文量排在首位，江苏大学以 77 篇的总发文量排在第二位，华南农业大学以 55 篇的总发文量居第三位，表明这 3 家机构是我国农业机器人领域的重要产出机构。紧随其后的是南京农业大学、河南工业职业技术学院和西北农林科技大学；另外，东北农业大学、浙江大学、河北农业大学的总发文量均在 15 篇以上。表明这些机构也是我国农业机器人领域的主要产出机构。

（3）我国各省级行政区的高生产力机构分布不均。将高生产力机构按照所属省级行政区进行分类统计发现，这 23 个高生产力机构分别隶属于 12 个省级行政区。其中，北京市最多，拥有 5 家高生产力机构；浙江省、江苏省和河南省各拥有 3 家高生产力机构。

2. 机构影响力分析

以我国农业机器人领域核心期刊总被引频次大于 300 次的 16 个机构作为高影响力机构的研究对象，对其总被引频次情况进行统计分析，如彩图 2-3 所示。

（1）各机构之间影响力差距较大。TOP16 高影响力机构中总被引频次最高达 4 052 次，最低为 334 次，两者相差超过 12 倍；排名前三位高生产力机构的总被引频次合计 8 351次，占到 TOP16 高生产力机构总被引频次之和的 52%。可见，高影响力机构之间存在差距较大。

（2）中国农业大学、江苏大学和南京农业大学在我国农业机器人领域的影响力远超其他机构。中国农业大学以 4 052次的总被引频次排在首位，江苏大学以 2 395次的总被引频次位居第二，南京农业大学以 1 904次的总被引频次位居第三，远高于其他机构；排在其后的是浙江大学和华南农业大学，其总被引频次均在 1 000次以上；另外，西北农林科技大学、中国计量大学、北京市农林科学院、中国农业机械化科学研究院、东北农业大学、中国科学院的总被引频次都在 400 次以上。可见，这些机构在我国农业机器人领域的研究成果拥有较高的影响力。

（3）我国各个省级行政区的高影响力机构分布不均。将高影响力机构按照所属省级行政区进行分类统计发现，这 16 个高影响力机构分别隶属于 8 个省级行政区。其中，北京市最多，拥有 4 家高影响力机构；浙江省和江苏省各拥有 3 家。

3. 机构论文质量分析

以我国农业机器人领域核心期刊发文量大于 5 篇，同时总被引频次高于 300 次的 16 个机构作为高竞争力机构的研究对象，对其篇均被引频次情况进行统计分析，如彩图 2-4 所示。

（1）高竞争力机构的论文质量差异较大。TOP16 高竞争力机构中，论文篇均被引频次最高为 73.47 次，最低的仅为 19.77 次，相差约 3.7 倍。可见，高竞争力机构单篇成果的质量具有明显差距。

（2）浙江大学、中国农业机械化科学研究院、中国农业大学和中国计量大学在我国农业机器人领域的论文质量较高。浙江大学的篇均被引频次为 73.47 次，排在第一位，在我国农业机器人领域的整体论文质量最高；中国农业机械化科学研究院、中国农业大学、中国计量大学分别以 42.36 次、41.77 次、40.58 次的篇均被引频次位列第二至第四位。表明这些机构在我国农业机器人领域的论文质量较高。另外，南京农业大学、燕山大学和浙江工业大学的篇均被引频次均高于 35 次。

（3）北京市拥有的高竞争力机构最多。将高竞争力机构按照所属省级行政区进行分类统计发现，这 16 个高影响力机构分别隶属于 8 个省级行政区。其中，北京市拥有 4 家高竞争力机构，排名第一，分别为中国农业机械化科学研究院、中国农业大学、北京市农林科学院和中国科学院。

4. 机构发文态势分析

以我国农业机器人领域核心期刊发文量大于 14 篇的 9 个机构作为研究对象，对其发文态势情况进行对比分析，如彩图 2-5 所示。

（1）各机构在我国农业机器人领域核心期刊发表研究成果的起步时间不同，中国农业大学、东北农业大学、浙江大学等机构起步最早。

中国农业大学、东北农业大学、浙江大学等机构均于 1999 年开始在我国农业机器人领域核心期刊发表研究成果，起步最早；南京农业大学于 2000 年开始在我国农业机器人领域核心期刊发表研究成果，西北农林科技大学、江苏大学和华南农业大学相继于 2005 年、2006 年开始在我国农业机器人领域核心期刊发表研究成果，起步较早；河南工业职业技术学院 2015 年才开始发表研究成果，起步相对较晚。

（2）各个机构在我国农业机器人领域核心期刊发表研究成果的持续时间总体较长。西北农林科技大学在我国农业机器人领域核心期刊上持续发表研究成果长达 17 年；中国农业大学、江苏大学和南京农业大学均以 16 年的持续性研究发表紧随其后；华南农业大学在我国农业机器人领域进行了 13 年持续性产出。可见，各个机构在我国农业机器人领域核心期刊上发表研究成果的持续时间总体较长。

（3）各个机构在我国农业机器人领域核心期刊的论文产出趋势各不相同。近年来，江苏大学、华南农业大学、河南工业职业技术学院等机构在我国农业机器人领域的论文产出波动增长，虽然近两年有所下降，但总体发文量呈稳定上升趋势；中国农业大学、南京农业大学、西北农林科技大学和东北农业大学等机构近年来在我国农业机器人领域核心期刊的论文产出呈明显下降趋势，特别是 2018 年以后年发文量不足 10 篇。

5. 机构合作分析

以我国农业机器人领域发文量大于 4 篇的 66 个机构作为研究对象，以机构之间合作频次为指标，构建机构合作关系矩阵；并根据该矩阵，用 VOSviewer 软件绘制机构合作关系网络，如彩图 2-6 所示。

在我国农业机器人领域机构之间合作较少，合作关系网络整体可以分为五大学术合作群体。

（1）由中国农业大学、河北农业大学、南京农业大学、中国农业机械化科学研究院、燕山大学等机构组成的河北、江苏、北京等省（市）的学术合作群体。

（2）由江苏大学、潍坊学院、常州大学、武夷学院、山东科技大学等机构组成的江苏、山东、福建等省份的学术合作群体。

（3）由河南工业职业技术学院、南昌大学、武汉理工大学、华中农业大学、南昌工学院等机构组成的河南、江西、湖北等省份的学术合作群体。

（4）由华南农业大学、浙江大学、中国计量大学、中国农业科学院、东北农业大学等机构组成的广东、浙江、北京、黑龙江等省（市）的学术合作群体。

（5）以中国科学院、北京市农林科学院、西北农林科技大学、广东交通职业技术学院、南京林业大学等机构组成的北京、陕西、广东、江苏等省（市）的学术合作群体。

三、学者竞争力

1. 学者生产力分析

以我国农业机器人领域核心期刊发文量大于 9 篇的 22 位学者为高生产力学者的研究对象，对其发文量、所属机构情况进行统计分析，如表 2-1 所示。

表 2-1　我国农业机器人领域高生产力学者列表

学者	发文量（篇）	机构
张铁中	38	中国农业大学
邹湘军	37	华南农业大学
赵德安	31	江苏大学
姬长英	28	南京农业大学
周俊	25	南京农业大学
姬伟	23	江苏大学
李伟	18	中国农业大学
熊俊涛	17	华南农业大学
彭红星	14	华南农业大学
杨丽	14	中国农业大学

（续表）

学者	发文量（篇）	机构
宋健	13	潍坊学院
李立君	13	中南林业科技大学
刘继展	12	江苏大学
王毅	12	重庆理工大学
高自成	12	中南林业科技大学
崔永杰	11	西北农林科技大学
陈燕	11	华南农业大学
罗陆锋	11	华南农业大学
陈勇	10	南京林业大学
冯青春	10	北京市农林科学院
贾伟宽	10	江苏大学
顾宝兴	10	南京农业大学

（1）华南农业大学拥有的高生产力学者最多。TOP22 高生产力学者分别隶属于 10 个机构。其中，华南农业大学拥有 5 位高生产力学者，最多；江苏大学拥有 4 位；中国农业大学、南京农业大学各自拥有 3 位；中南林业科技大学拥有 2 位高生产力学者。

（2）各学者之间生产力差距明显，张铁中的生产力最高。TOP22 高生产力学者中发文量在 30 篇以上的学者共有 3 位。其中，发文量最高的学者为张铁中，达到了 38 篇；邹湘军和赵德安的发文量分别为 37 篇和 31 篇；其次是姬长英、周俊和姬伟的发文量也均在 20 篇以上，这些学者具有较高的生产力。TOP22 高生产力学者中发文量最低的为 10 篇，可见，高生产力学者之间也存在明显差距。

2. 学者影响力分析

以我国农业机器人领域核心期刊总被引频次大于 300 次的 27 位学者作为高影响力学者的研究对象，对其总被引频次、所属机构分布情况进行统计分析，如表 2-2 所示。

表 2-2　我国农业机器人领域高影响力学者列表

学者	总被引频次（次）	机构
张铁中	2 043	中国农业大学
姬长英	1 378	南京农业大学
赵德安	1 138	江苏大学
邹湘军	1 046	华南农业大学
周俊	1 038	南京农业大学
姬伟	893	江苏大学

（续表）

学者	总被引频次（次）	机构
应义斌	807	浙江大学
李伟	696	中国农业大学
宋健	663	潍坊学院
徐丽明	649	中国农业大学
赵匀	583	浙江大学
熊俊涛	580	华南农业大学
杨丽	574	中国农业大学
武传宇	538	浙江理工大学
汤修映	520	中国农业大学
蒋焕煜	503	浙江大学
刘继展	487	江苏大学
彭红星	482	华南农业大学
冯青春	477	中国农业大学
吕继东	452	江苏大学
顾宝兴	398	南京农业大学
罗陆锋	374	华南农业大学
俞高红	352	浙江理工大学
刘晓洋	311	江苏大学
杨庆华	306	浙江工业大学
崔永杰	305	西北农林科技大学
贾伟宽	303	江苏大学

（1）中国农业大学和江苏大学拥有的高影响力学者最多。TOP27 高影响力学者分别隶属于 9 个机构。其中，中国农业大学和江苏大学分别拥有 6 位，高影响力学者最多；其次是华南农业大学、浙江大学、南京农业大学，以及浙江理工大学。

（2）各学者之间影响力差距较大，张铁中的影响力最高。TOP27 高影响力学者中总被引频次在 1 000 次以上的共有 5 位，其中张铁中的总被引频次达到了 2 043 次，排名第一；紧随其后的是姬长英、赵德安、邹湘军和周俊，总被引频次均在 1 000 次以上，说明这些学者在我国农业机器人领域的研究成果拥有较高的影响力。顾宝兴、罗陆锋、俞高红、刘晓洋、杨庆华、崔永杰、贾伟宽等学者的总被引频次均在 400 次以下。可见，各高影响力学者之间的影响力差距较大。

3. 学者论文质量分析

以我国农业机器人领域核心期刊发文量大于 5 篇，同时总被引频次大于 500 次的 15 位学者作为高竞争力学者的研究对象，并对其篇均被引频次进行统计分析，如彩图 2-7 所示。

（1）中国农业大学拥有的高竞争力学者最多。TOP15 高竞争力学者分别隶属 7 个机构。其中，中国农业大学拥有的高竞争力学者最多，共 4 位；其次是浙江大学拥有 3 位高竞争力学者；南京农业大学、江苏大学、华南农业大学各拥有 2 位高竞争力学者；浙江理工大学和潍坊学院各拥有 1 位高竞争力学者。

（2）高竞争力学者的论文质量均高于全国平均水平。我国农业机器人领域学者平均篇均被引频次为 19.41 次，高竞争力学者的篇均被引频次最高的为 100.87 次，最低的为 28.27 次，均高于平均值。可见，高竞争力学者不仅整体的生产力和影响力水平高，其论文的质量与其他学者相比也具有明显优势。

（3）应义斌、徐丽明和蒋焕煜等学者在我国农业机器人领域的论文质量很高。高竞争力学者中，应义斌的篇均被引频次为 100.87 次，排名第一；其次是徐丽明和蒋焕煜的篇均被引频次分别为 92.71 次、83.83 次；这些学者在我国农业机器人领域的整体论文质量较高。同时，赵匀、武传宇、张铁中和宋健等学者的篇均被引频次也均高于 50 次。

4. 学者发文态势分析

以我国农业机器人领域核心期刊发文量大于 15 篇的 8 个学者作为研究对象，对其发文态势情况进行对比分析，如彩图 2-8 所示。

（1）各学者在我国农业机器人领域核心期刊发表研究成果的起步时间和持续时期差别较大，张铁中、姬长英和周俊等起步最早。张铁中于 1999 年开始在我国农业机器人领域核心期刊发表研究成果，起步最早；姬长英和周俊紧随其后，分别于 2000 年、2003 年开始发表研究成果，起步较早；此外，还有邹湘军、李伟、赵德安和姬伟等学者均在 2010 年以前开始发表研究成果；熊俊涛的发表时间较晚，从 2011 年才开始在我国农业机器人领域核心期刊有产出。总体来看，各学者在我国农业机器人领域核心期刊发表研究成果的早晚不同，而且研究持续性相差也较大。其中，邹湘军、张铁中和姬长英的研究持续性较长，分别为 11 年、9 年、8 年，其他学者的研究持续时间均在 5 年及以下，持续性相对较短。

（2）近年来，各学者在我国农业机器人领域核心期刊的论文产出逐渐减少。邹湘军在我国农业机器人领域核心期刊的论文产出波动增长，近五年来每年基本保持在 2 篇左右。张铁中、姬长英、周俊、姬伟、李伟等学者近年来论文产出呈逐渐减少的趋势。其中，姬长英、周俊、李伟近五年的核心期刊论文年产出不足 1 篇。总体来看，我国学者近年来在农业机器人领域核心期刊的论文产出呈逐渐减少趋势。

5. 学者合作分析

以我国农业机器人领域核心期刊发文量大于 2 篇的 225 位学者为研究对象，以学者之间合作频次为指标，构建学者合作关系矩阵；并根据该矩阵，用 VOSviewer 软件绘制学者合作关系网络，如彩图 2-9 所示。

我国农业机器人领域合作关系网络主要可以分为 44 个合作群体。其中，学者数不少于 10 人的群体有 8 个，分别如下。

（1）由姬长英、周俊、顾宝兴、崔永杰等组成的南京农业大学、西北农林科技大学、江苏大学合作群体。

（2）由邹湘军、彭红星、熊俊涛、陈燕等组成的华南农业大学合作群体。

（3）由李伟、宋健、张俊雄、张宾等组成的中国农业大学、潍坊学院合作群体。

（4）由张铁中、杨丽、徐丽明、张凯良等组成的中国农业大学合作群体。

（5）由刘继展、毛罕平、李萍萍、尹建军、武传宇、应义斌等组成的江苏大学、浙江理工大学、浙江大学合作群体。

（6）由刘刚、乔军、冯娟、周薇等组成的中国农业大学和河北农业大学合作群体。

（7）由何东键、阎勤劳、张彦斐等组成的西北农林科技大学、广东交通职业技术学院和山东理工大学合作群体。

（8）由赵德安、姬伟、品继东、刘晓洋等组成的江苏大学合作群体。

四、学科竞争力

1. 学科竞争力分析

采用 CNKI 学科分类体系，对我国农业机器人领域各学科的发文量、总被引频次进行统计分析，如彩图 2-10、彩图 2-11 所示。可以得出以下结论。

（1）我国农业机器人领域涉及学科门类众多，研究相对聚焦。我国农业机器人领域的研究共分布在 26 个学科类别中，涉及学科门类众多，学科交叉融合明显。其中，自动化技术以 837 篇的发文量排在首位，远远高于其他学科；农业工程以 388 篇的发文量紧随其后，排名第二位；计算机软件及计算机应用以 211 篇的发文量排在第三位。这三个学科的发文量之和占总发文量近 95%，可见，研究重点突出，相对聚焦。

（2）我国农业机器人领域各学科的影响力差距悬殊，自动化技术的影响力最高。自动化技术学科的总被引频次排名第一，高达 15 024 次，远远超过其他学科；其次是农业工程、计算机软件及计算机应用、农业基础科学等学科，相关文献总被引频次分别为 5 251 次、3 963 次、1 029 次；再次是园艺、植物保护、电信技术等学科，总被引频次均在 100 次以上。可见，各学科之间的影响力差距很大。

（3）自动化技术、农业工程、计算机软件及计算机应用、农业基础科学和园艺等学科综合竞争力相对较高。自动化技术、农业工程、计算机软件及计算机应用、农业基础科学和园艺等学科的发文量和总被引频次均排在农业机器人领域前 5 位，这 5 个学科在我国农业机器人领域的综合竞争力很高。另外，植物保护、电信技术、林业、轻工业手工业等学科的发文量和总被引频次均排在前 10 位，这些学科也具有较高的综合竞争力。

2. 学科发文趋势分析

通过统计我国农业机器人领域发文量大于 4 篇的 12 个学科类别的发文趋势情况，

结果如彩图 2-12 所示。

（1）自动化技术、农业工程、计算机软件及计算机应用是我国农业机器人领域研究的基础优势学科。计算机软件及计算机应用和农业基础科学自 1994 年就开始开展农业机器人领域的研究；自动化技术、农业工程、园艺、畜牧与动物医学等于 1995 年开始农业机器人领域的研究；轻工业手工业于 1998 年开始农业机器人领域的研究，这几个学科在我国农业机器人领域相关研究较早。除园艺、轻工业手工业和畜牧与动物医学等学科外，其他学科大多时间保持持续性研究，且相关研究发文量呈逐年上升的趋势。尤其是自动化技术、农业工程、计算机软件及计算机应用等学科的文献数量明显较多，说明这些学科是我国农业机器人领域的基础优势学科。

（2）我国农业机器人领域呈现新兴学科融合发展态势。电信技术、植物保护、矿业工程等学科在农业机器人领域的研究起步较晚，均在 2004 年以后。近年来相关学科的发文量逐步增长且研究持续性状态呈现，逐步成为我国农业机器人领域的新兴学科。

五、期刊竞争力

1. 期刊竞争力分析

以我国农业机器人领域载文量大于 4 篇，同时总被引频次大于 50 次的 17 种核心期刊作为高竞争力期刊的研究对象，并对其载文量、总被引频次、篇均被引频次及影响因子进行统计分析，如表 2-3 所示。

表 2-3　我国农业机器人领域高竞争力期刊列表

期刊	载文量（篇）	载文量排名	总被引频次（次）	总被引频次排名	篇均被引频次（次）	篇均被引频次排名	影响因子	影响因子排名
农机化研究	424	1	3 804	3	8.97	13	1.134	12
农业机械学报	160	2	6 208	1	38.8	4	3.327	2
农业工程学报	117	3	4 970	2	42.47	3	3.446	1
中国农机化学报	37	4	343	6	9.27	12	1.739	8
机床与液压	20	5	163	9	8.15	15	0.741	16
中国农业大学学报	14	6	627	4	44.78	2	2.185	5
安徽农业科学	14	6	207	7	14.78	10	0.716	17
江苏农业科学	11	8	123	12	11.18	11	1.181	11
华南农业大学学报	10	9	73	15	7.3	17	2	6
中国农业科技导报	7	10	53	16	7.57	16	1.759	7
江苏大学学报（自然科学版）	7	10	170	8	24.28	6	1.277	10
机械设计与制造	7	10	129	11	18.42	8	0.796	15

（续表）

期刊	载文量（篇）	载文量排名	总被引频次（次）	总被引频次排名	篇均被引频次（次）	篇均被引频次排名	影响因子	影响因子排名
机器人	6	13	617	5	102.83	1	3.218	3
科学技术与工程	6	13	53	16	8.83	14	1.108	14
计算机工程与应用	5	15	79	14	15.8	9	2.348	4
系统仿真学报	5	15	118	13	23.6	7	1.279	9
机械设计	5	15	146	10	29.2	5	1.133	13

（1）各个核心期刊在我国农业机器人领域的生产力、影响力和论文质量差距较大。TOP17 高竞争力核心期刊中关于农业机器人的载文量最高达 424 篇，最低为 5 篇，表明各期刊生产力差距较大。其中，《农机化研究》（424 篇）、《农业机械学报》（160篇）和《农业工程学报》（117 篇）是载文量最多的 3 种期刊，表明这 3 种期刊在我国农业机器人领域的生产力最高。

TOP17 高竞争力核心期刊中被引频次最高达 6 208 次，最低为 53 次，表明各期刊影响力差距较大。其中，《农业机械学报》（6 208次）、《农业工程学报》（4 970次）和《农机化研究》（3 804次）的总被引频次排在前三位，表明这 3 种期刊在我国农业机器人领域的影响力最高。

TOP17 高竞争力核心期刊中篇均被引频次最高达 102.83 次，最低为 7.3 次，表明各期刊单篇论文质量的差距较大。排在前三位的是《机器人》（102.83 次）、《中国农业大学学报》（44.78 次）、《农业工程学报》（42.47 次），表明这 3 种期刊在我国农业机器人领域的论文质量较高。

TOP17 高竞争力核心期刊中影响因子最高达 3.446，最低为 0.716，影响因子差距较大。影响因子排在前三位的期刊是《农业工程学报》（3.446）、《农业机械学报》（3.327）、《机器人》（3.218）。

（2）《农业工程学报》《农业机械学报》《中国农业大学学报》和《江苏大学学报（自然科学版）》是我国农业机器人领域综合竞争力最高的核心期刊。综合四项指标来看，《农业工程学报》《农业机械学报》《中国农业大学学报》和《江苏大学学报（自然科学版）》4 种期刊载文量、总被引频次、篇均被引频次和影响因子均排在前 10 位，综合竞争力最高；有 3 项指标排在前 10 位的期刊有：《机器人》《中国农机化学报》《安徽农业科学》，这些期刊在我国农业机器人领域的综合竞争力相对较高。

2. 期刊载文态势分析

通过统计我国农业机器人领域相关载文量大于 9 篇的 9 种高载文量核心期刊的年度载文变化情况，结果如彩图 2-13 所示。

（1）各核心期刊关注农业机器人领域相关研究的时间不同，《农业机械学报》《农业工程学报》最早，两者都于 1995 年开始关注农业机器人领域的研究，时间最早；

《中国农业大学学报》于1999年开始关注农业机器人领域的研究，相对较早；《农机化研究》《机床与液压》也相继于2000年、2005年开始关注农业机器人领域的研究；《中国农机化学报》和《华南农业大学学报》均在2010年以后才开始关注农业机器人领域的研究，相对较晚。

（2）各个核心期刊对农业机器人领域关注持续性差别明显，《农业工程学报》《农机化研究》《农业机械学报》等期刊对农业机器人领域相关研究关注的持续时间较长。《农业工程学报》于1995年开始对农业机器人领域进行了长达21年的持续性关注，《农机化研究》和《农业机械学报》也分别对农业机器人领域进行20年、17年的持续性关注，这3种期刊持续时间较长；《中国农机化学报》《江苏农业科学》和《华南农业大学学报》等期刊对农业机器人领域研究的时间持续性均在5年以下，相对较短。

（3）近年来，《农机化研究》《农业机械学报》和《农业工程学报》等期刊在农业机器人领域的载文量增长较快，《安徽农业科学》《江苏农业科学》和《华南农业大学学报》等期刊的载文量有所减少。《农机化研究》从开始关注农业机器人领域，其载文量总体呈上升趋势，并于2020年达到了最高的57篇，总体载文量较为稳定；《农业机械学报》和《农业工程学报》在农业机器人领域载文量也总体呈波动增长趋势；同时，《中国农机化学报》于2018年以后载文量增速较快；《安徽农业科学》《江苏农业科学》和《华南农业大学学报》等期刊对农业机器人领域的关注较晚，且近年来载文量有所下降。

第三节　领域研究主题分析

一、研究主题

经过聚类分析，构建领域关键词聚类图，如彩图2-14所示。可见，我国农业机器人领域的研究分为两大主题领域，分别为农业机器人应用研发（绿色）、农业机器人研发相关技术研究（红色）。

1. 农业机器人应用研发（绿色）

对农业机器人应用研发关键词进行统计分析，本主题主要研究采摘机器人、拣货机器人、收割机器人、嫁接机器人、巡检机器人、六足农业机器人等。

2. 农业机器人研发相关技术研究（红色）

对农业机器人研发相关技术研究关键词进行统计分析，本主题主要包括：自主导航、视觉导航、激光雷达、全球定位、视觉伺服、目标检测识别、图像分割、物联网、智能化、协同控制、人工智能、机器视觉、数字信号处理等技术应用。

二、研究热点及阶段性研究前沿

1. 研究热点分析

利用 VOSviewer 密度视图功能对农业机器人领域的研究热点进行分析，如彩图 2-15 所示。在密度视图中，从冷色调（蓝色）到暖色调（红色）表示关键词共现的频次越来越高，即研究主题的热度越来越高。可见，"采摘机器人""机器视觉""图像处理""路径规划""末端执行器""采摘机械手""仿真"等主题词是我国农业机器人领域的热点研究方向。

2. 阶段性研究前沿分析

结合 VOSviewer 生成的关键词时区视图（定量地表示出不同研究热点的热度及其随时间变迁规律）和 Cite Space 生成的突现词列表（突现词是指短时间内使用频率骤增的关键词，可以表征研究前沿的发展趋势，突现词的突现值则表现了该词短时间内使用频率骤增的强度），如彩图 2-16、彩图 2-17 所示，可以得到如下结论。

（1）1994—2000 年突现词："日光温室""智能导航""根系保护""田间除草""创新设计""物体分拣""目标检测""分拣规划"等。在这一时期突现词较多，"日光温室"的突现时间为 13 年，突现值为 6.07；"智能导航"的突现时间为 12 年，突现值为 5.91；"根系保护"的突现时间为 12 年，突现值为 5.91。由此得出，我国农业机器人领域开始受到广泛关注。

（2）2001—2010 年突现词："农业工程""机器视觉""识别""苹果"等。在这一阶段内突现词增加较少，"农业工程"的突现时间为 6 年，且积累的突现值为 6.1；"机器视觉"的突现时间为 5 年，突现值为 6.1；"识别"的突现时间为 7 年，突现值为 4.17；"苹果"的突现时间为 4 年，突现值为 4.75。由此得出，在研究时限范围内，"农业工程"和"机器视觉"为我国农业机器人领域的重要研究关键词。

（3）2011—2022 年突现词："定位""图像分割""算法""路径规划""避障""神经网络"等。在这一阶段内突现词增加较多，"路径规划"的突现时间较长，为 6 年，突现值为 8.06，突现值较高；"深度学习"的突现时间为 3 年，突现时间较短，突现值为 6.27，突现值相对较高；"算法"的突现时间为 3 年，突现值为 5.52；"避障"的突现时间为 5 年，突现值为 5.25。由此得出，在研究时限范围内，"路径规划""深度学习""算法""避障"为我国农业机器人领域的重要研究关键词。

第三章 全球农业表型领域发展态势分析

第一节 数据来源

以农业表型为研究对象，通过广泛阅读农业表型领域的论文、专著等相关文献，梳理与农业表型研究相关的中英文关键词，构建农业表型领域的关键词集合。最后，选择 Web of Science 的 Sci-Expanded 数据库作为全球农业表型领域发展态势分析的数据源，构建全球农业表型领域的检索式如下：（TS =（fishery or aquaculture or agricultur * or farming or "animal husbandry" or forestry））and（TS =（（breeding or "species selection" or variet * or Growth or "plant height" or "leaf area" or qualit * or morphology or Lodging Resistance or pest or disease or "drought resistance"）AND（"phenotyp * recognition" or phenotyp * or phenomics or genomics）））），检索限定的时间范围是 1900—2021 年，检索日期为 2021 年 8 月 17 日，共获取 7 242 篇文献，经过人工判读，确定 6 219 篇文献作为最终的研究数据集。

第二节 领域科研竞争力分析

一、概况

1. 全球发文概况分析

全球农业表型领域的研究始于 20 世纪 90 年代，并从 2000 年开始相关研究逐步增多，至今大体可以分为萌芽期、发展期、快速增长期三个发展阶段，目前已经到达快速增长阶段，如彩图 3-1 所示。

（1）第一阶段：萌芽期（1991—1999 年）。全球农业表型领域的总发文量为 152 篇，平均每年约 17 篇。研究成果较少，且呈现较为平稳状态，全球农业表型领域研究初现萌芽，并开始缓慢发展。该时期的核心研究国家有美国、加拿大、英国、澳大利亚等。

（2）第二阶段：发展期（2000—2010 年）。全球农业表型领域的总发文量为 1 183 篇，平均每年约 107 篇。农业表型领域的研究逐渐引起关注，研究成果呈现明显的稳步增长状态，为后续的快速增长奠定了较好的基础。该时期的核心研究国家有美国、加拿大、英国、澳大利亚、德国、法国和中国等。

（3）第三阶段：快速增长期（2011—2022 年）。全球农业表型领域的总发文量为4 884篇，平均每年约 407 篇。农业表型领域的研究已经得到普遍的重视，研究成果处于快速增长状态，但目前距离成熟阶段还有一定的增长空间。该时期的核心研究国家有美国、中国、法国、德国、澳大利亚和印度等。

2. 中国发文概况分析

中国在全球农业表型领域的研究始于 2001 年，相对时间较晚；从 2011 年开始相关研究逐步增多，至今大体可以分为萌芽期、稳步发展期、快速增长期三个发展阶段，目前已经到达快速增长期，如彩图 3-2 所示。

（1）第一阶段：萌芽期（2001—2010 年）。中国的总发文量为 58 篇，平均每年约6 篇。研究成果较少，且呈现小幅波动增长状态，中国在全球农业表型领域研究的萌芽初现并开始缓慢发展。该时期的核心研究机构有中国科学院、中国农业大学、浙江林业大学、中国农业科学院等。

（2）第二阶段：稳步发展期（2011—2016 年）。中国的总发文量为 232 篇，平均每年约 39 篇。中国在全球农业表型领域的研究逐渐引起关注，研究成果稳步增长，且保持平稳上升状态，为后续的快速增长奠定了基础。该时期的核心研究机构有中国科学院、中国农业科学院、华中农业大学、中国农业大学、中国水产科学研究院、上海海洋大学等。

（3）第三阶段：快速增长期（2017—2021 年）。中国的总发文量为 518 篇，平均每年约 103 篇。中国在全球农业表型领域的研究已经得到了足够的重视，研究成果增长速度加快，呈快速增长状态，但目前距离研究成熟期还有一定的增长空间。该时期的核心研究机构有中国科学院、中国农业科学院、华中农业大学、南京农业大学、浙江大学等。

对比中国和全球在农业表型领域发文量年度分布图可以发现，中国在全球农业表型领域的研究比国外晚了 10 年，起步较晚。但在经过 10 年的萌芽期和 6 年的稳步发展期，于 2017 年进入快速增长期，现在已与全球同步。

二、国家竞争力

1. 国家生产力分析

全球农业表型的文献共分布在 142 个国家中。以全球农业表型领域发文量大于 180篇的 14 个国家作为高生产力国家的研究对象，对其总发文量、第一/通讯作者发文量及其占比情况进行统计分析，如彩图 3-3 所示。

（1）各国之间生产力差距悬殊。TOP14 高生产力国家中总发文量最高达 1 639篇，最低为 183 篇，两者相差约 9 倍；第一/通讯作者发文量最高达 899 篇，最低为 82 篇，两者相差约 11 倍。可见，高生产力国家之间存在着很大差距。

（2）全球农业表型研究相对聚焦，美国、中国、英国和法国是重要产出国。美国以 1 639篇的发文总量排在首位，且遥遥领先于其他国家；中国以 834 篇的总发文量位居第二；英国以 550 篇的总发文量排名第三；法国以 453 篇的总发文量紧随其后，排名第四。排名前四位的国家发文量之和占全球总发文量的 56%，排名前六位的国家发文量之和占全球总发文量的 70%，可见，全球农业表型领域研究相对聚焦。

（3）巴西、澳大利亚、意大利、挪威、日本和中国等国家在全球农业表型领域中的自主研究能力较强。TOP14 高生产力国家的第一/通讯作者发文量占比大多超过 50%。其中，巴西的第一/通讯作者发文量占比最高，为 91.11%；澳大利亚、意大利、挪威、日本和中国的第一/通讯作者发文量占比均超过 80%。可见，这些国家在全球农业表型领域以本国自主研究或主持合作研究为主，研究能力较强。

2. 国家影响力分析

全球农业表型领域共有 140 个国家的相关研究文献被引用。以全球农业表型领域总被引频次大于 5 000 次的 18 个国家作为高影响力国家的研究对象，对其各类总被引频次情况进行统计分析，如彩图 3-4 所示。

（1）各国之间影响力差距悬殊。TOP18 高影响力国家中总被引频次最高达 60 238 次，最低为 5 010 次，两者相差约 12 倍；第一/通讯作者总被引频次最高达 31 048 次，最低为 1 352 次，两者相差约 23 倍。可见，同生产力一样，高影响力国家之间也存在很大差距。

（2）美国、英国、法国、中国和澳大利亚等国家在全球农业表型领域的影响力很高。美国以 60 238 次的总被引频次、31 048 次的第一/通讯作者总被引频次稳居首位；英国以 24 285 次的总被引频次和 12 226 次的第一/通讯作者总被引频次排在第二位；德国、法国、中国、澳大利亚和加拿大等国的总被引频次均在 10 000 次以上，且法国、中国和澳大利亚等国的第一/通讯作者总被引频次也均在 9 000 次以上。可见，美国、英国、法国、中国和澳大利亚等国在全球农业表型领域的研究成果拥有很高的影响力。

（3）挪威、意大利、澳大利亚、瑞士和中国等国在全球农业表型领域自主研究能力较强。TOP18 高影响力国家的第一/通讯作者总被引频次占比大多超过 50%。其中，挪威的第一/通讯作者总被引频次占比最高，为 84.32%；其次是意大利，第一/通讯作者总被引频次占比为 79.61%；此外，澳大利亚、瑞士和中国的第一/通讯作者总被引频次占比均超过 60%。说明这些国家在研究中以本国自主研究或主持合作研究为主，自主研究能力较强。

3. 国家论文质量分析

以全球农业表型领域发文量大于 100 篇，同时总被引频次大于等于 5 000 次的 18 个国家作为高竞争力国家的研究对象，对其篇均被引频次、第一/通讯作者篇均被引频次进行统计分析，如彩图 3-5 所示。

（1）高竞争力国家的论文质量差异较大。TOP18 高竞争力国家中，论文篇均被引频次、第一/通讯作者篇均被引频次最高的分别为 76.83 次和 52.14 次，最低的仅为 18.46 次和 14.86 次。可见，高竞争力国家单篇成果的质量具有明显的差距。

（2）奥地利在全球农业表型领域的论文质量远超其他国家。其中，奥地利的篇均被引频次和第一/通讯作者篇均被引频次均排在第一位，分别高达 76.83 次和 52.14 次，表明其在全球农业表型领域的整体论文质量和第一/通讯作者论文质量均最高；英国以44.15次的篇均被引频次排在第二位，以36.71次的第一/通讯作者篇均被引频次位居第四；此外，荷兰和挪威的篇均被引频次、第一/通讯作者篇均被引频次均高于40次以上。可见，这几个国家的论文质量较高。

（3）中国在全球农业表型领域论文质量相对较低。中国在全球农业表型领域的总发文量和第一/通讯作者发文量均较高，但论文篇均被引频次和第一/通讯作者篇均被引频次分别为18.46次和14.86次，排在最后。可见，中国在全球农业表型领域的论文质量相对较低，有待进一步提升。

4. 国家发文态势分析

以全球农业表型领域发文量大于200篇的12个国家作为研究对象，对其发文态势情况进行对比分析，如彩图3-6所示。

（1）各个国家在全球农业表型领域研究的起步时间差别较大，美国、英国、德国和西班牙起步较早。美国、英国、德国和西班牙等国于1991年开始农业表型领域的研究，起步最早；加拿大于1992年开始农业表型领域的研究；澳大利亚和法国分别于1993年、1994年开始农业表型领域的研究，起步相对较早；巴西和挪威于1995年开始农业表型领域的研究；印度和意大利分别于1997年、1999年开始农业表型领域的研究；中国于2001年才开始农业表型领域的研究，起步较晚。

（2）各个国家在全球农业表型领域研究的时间持续性差异较大，美国和加拿大相关研究的持续时间最久。美国从1991年开始对农业表型领域进行了长达31年的持续性研究；加拿大从1992年开始对农业表型领域进行了长达30年的持续性研究；英国、德国、澳大利亚、法国、挪威、意大利和中国等分别于1991年、1991年、1993年、1994年、1995年、1999年和2001年开始对农业表型领域进行了20~30年的持续性研究；其他国家在农业表型领域研究的时间持续性均在20年以下。

（3）大多国家在全球农业表型领域的论文产出呈现波动增长态势，美国发文量全球最高。近年来，美国、中国、英国、法国、德国、澳大利亚、加拿大、印度、西班牙、巴西、意大利、挪威等国家在全球农业表型领域的文献产出都呈波动增长趋势。其中，美国在全球农业表型领域的发文量从1997年开始一直稳居全球第一，总发文量也是位居首位，遥遥领先于其他国家；此外，中国连续2年发文量突破100篇，发展势头良好。

5. 国家合作分析

以全球农业表型领域发文量大于5篇的88个国家作为研究对象，以国家合作频次为指标，构建国家合作关系矩阵；并根据该矩阵，用VOSviewer软件绘制国家合作关系网络，如彩图3-7所示。

可见，全球农业表型领域形成了2个国家学术合作群体。

（1）以美国、中国、澳大利亚和法国为核心的学术合作群体，包括印度、巴西、墨西哥、韩国、巴基斯坦、泰国、俄罗斯、马来西亚、越南、埃及等国家，这些国家主要集中在南亚、北美洲、东南亚、非洲等地区。

（2）以英国、德国和加拿大为核心的学术合作群体，包括西班牙、荷兰、意大利、瑞士、丹麦、挪威、奥地利、比利时、以色列、新西兰、阿根廷等国家，这些国家主要集中在欧洲、北美洲、南美洲、大洋洲等地区。

同时，中国与其他国家在农业表型领域开展了广泛合作，在全球农业表型领域已经形成足够的国际影响力，以中国为核心的学术合作群体已经初具规模。

三、机构竞争力

1. 机构生产力分析

以全球农业表型领域发文量大于 50 篇的 16 个机构作为高生产力机构研究对象，对其总发文量、第一/通讯作者发文量及其占比情况进行统计分析，如彩图 3-8 所示。

（1）各机构之间生产力差距较大。TOP16 高生产力机构中总发文量最高达 339 篇，最低为 62 篇，两者相差近 6 倍；第一/通讯作者发文量最高达 162 篇，最低为 10 篇，两者相差约 16 倍。可见，高生产力机构之间也存在较大差距。

（2）美国农业部、巴黎萨克雷大学和加利福尼亚大学等是全球农业表型领域的重要产出机构。美国农业部以 339 篇的总发文量、162 篇的第一/通讯作者发文量排在第一位；巴黎萨克雷大学以 220 篇总发文量排在第二位，以 62 篇的第一/通讯作者发文量排在第四位；加利福尼亚大学紧随其后，以 165 篇的总发文量排在第三位，以 93 篇的第一/通讯作者发文量位居第二位。可见，这些机构是全球农业表型领域的重要产出机构。另外，中国科学院和瓦格宁根大学的总发文量均在 100 篇以上，且中国科学院、瓦格宁根大学和威斯康星大学的第一/通讯作者发文量也均在 50 篇以上。

（3）威斯康星大学、中国科学院和加利福尼亚大学等机构在全球农业表型领域的自主研究能力较强。TOP16 高生产力机构的第一/通讯作者发文量占比大多在 50% 以下。其中，威斯康星大学的第一/通讯作者发文量占比最高，为 71.23%；其次是中国科学院和加利福尼亚大学，第一/通讯作者发文量占比分别为 59.85%、56.36%。可见，这三个机构在全球农业表型领域中以本机构自主研究或主持合作研究能力较强。其他机构的第一/通讯作者发文量占比则均在 50% 以下。

（4）美国高生产力机构数量较多。将 TOP16 高生产力机构按照所属国家进行分类统计发现，这 16 个高生产力机构分别隶属于 7 个国家，如彩图 3-9 所示。拥有高生产力机构最多的国家为美国，有 9 家；其次为中国，拥有 2 家；英国、西班牙、瑞典、荷兰和法国等国家分别拥有 1 家。中国进入该领域高生产力机构行列的有中国科学院和中国农业科学院。

2. 机构影响力分析

以全球农业表型领域总被引频次大于等于 2 000 次的 21 个机构作为高影响力机构的研究对象，对其被引频次、第一/通讯作者被引频次及其占比情况进行统计分析，如彩图 3-10 所示。

（1）各机构之间影响力差距较大。TOP21 高影响力机构中总被引频次最高达 11 020 次，最低为 2 003 次，两者相差超 5 倍；第一/通讯作者被引频次最高达 4 498 次，最低为 63 次，两者相差约 71 倍。可见，同生产力一样，高影响力机构之间也存在很大差距。

（2）美国农业部、加利福尼亚大学、瓦格宁根大学在全球农业表型领域的影响力远超其他机构。美国农业部以 11 020 次的总被引频次排在首位，以 4 291 次的第一/通讯作者被引频次排在第二位；加利福尼亚大学以 8 790 次的总被引频次排在第二位，以 4 498 次的第一/通讯作者被引频次位居第一；另外，瓦格宁根大学的总被引频次和第一/通讯作者被引频次均排在前五位。可见，这 3 家机构在全球农业表型领域的研究成果拥有很高的影响力。

（3）约翰斯·霍普金斯大学、威斯康星大学、中国科学院、爱荷华州立大学和加利福尼亚大学等在全球农业表型领域自主研究能力较强。TOP21 高影响力机构中约翰斯·霍普金斯大学的第一/通讯作者被引频次占比最高，为 93.04%；其次是威斯康星大学和中国科学院，第一/通讯作者被引频次占比分别为 68.61%、55.75%，排名第二名和第三名；此外，爱荷华州立大学和加利福尼亚大学的第一/通讯作者被引频次占比均超过 50%。可见，这些机构在研究中以本机构自主研究或主持合作研究为主，自主研究能力较强。

（4）美国高影响力机构最多。将高影响力机构按照所属国家进行分类统计发现，这 21 个高影响力机构分别隶属于 9 个国家，如彩图 3-11 所示。拥有高影响力机构最多的国家为美国，有 11 家；其次是瑞典和荷兰，均拥有 2 家；中国、英国、挪威、加拿大、法国和奥地利等均拥有 1 家高影响力机构。中国进入该领域高影响力机构行列的只有中国科学院。

3. 机构论文质量分析

以全球农业表型领域发文量大于等于 50 篇，同时总被引频次高于 2 000 次的 15 个机构作为高竞争力机构的研究对象，对其篇均被引频次、第一/通讯作者篇均被引频次情况进行统计分析，如彩图 3-12 所示。

（1）高竞争力机构的论文质量差异较大。TOP15 高竞争力机构中，论文篇均被引频次、第一/通讯作者篇均被引频次最高的分别为 59.9 次和 72.64 次，最低的仅为 29.54 次和 15.3 次。可见，高竞争力机构单篇成果的质量具有明显的差距。

（2）康奈尔大学、加利福尼亚大学、得克萨斯农工大学在全球农业表型领域的论文质量较高。康奈尔大学以 59.9 次的篇均被引频次排在第一位，以 50.46 次的第一/通讯作者篇均被引频次排在第三位，表明其在全球农业表型领域的整体论文质量、第一/通讯作者论文质量均较高；加利福尼亚大学和得克萨斯农工大学的篇均被引频次和第一/通讯作者篇均被引频次均高于 40 次，论文质量相对较高；此外，伊利诺伊大学和普渡大学的篇均被引频次均在 40 次以上，爱丁堡大学和爱荷华州立大学的第一/通讯作者篇均被引频次均在 40 次以上。

（3）中国机构在全球农业表型领域的论文质量相对不高。TOP15 机构中中国机构只有中国科学院一家，且篇均被引频次和第一/通讯作者篇均被引频次均在 35 次以下，在高竞争力机构中的论文质量水平处于中等地位。

（4）美国进入高竞争力机构行列的机构数量最多。将高竞争力机构按照所属国家进行分类统计，这 15 个高影响力机构分别隶属于 6 个国家，如彩图 3-13 所示。拥有高影响力机构最多的国家为美国，有9家；其次是荷兰，拥有2家；中国、英国、瑞典和法国等均拥有1家高影响力机构。

4. 机构发文态势分析

以全球农业表型领域发文量大于60篇的16个机构作为研究对象，对其发文态势情况进行对比分析，如彩图3-14所示。

（1）各机构在全球农业表型领域研究的起步时间差别较大，美国农业部、康奈尔大学和格鲁吉亚大学起步较早。美国农业部和康奈尔大学于1992年开始农业表型领域的研究；其次是格鲁吉亚大学于1993年开始农业表型领域的研究，这三个机构起步较早。西班牙国家研究委员会和爱荷华州立大学分别于1995年、1996年开始农业表型领域的研究。加利福尼亚大学、瑞典农业大学、得克萨斯农工大学和密歇根州立大学于1998年开始农业表型领域的研究。中国科学院和中国农业科学院起步相对较晚，都是在2000年之后才开始农业表型领域的研究。

（2）各个机构在全球农业表型领域研究的时间持续性差异较大，加利福尼亚大学相关研究的持续时间最久。加利福尼亚大学于1998年开始对农业表型领域进行长达24年的持续性研究，研究的持续时间最久；瓦格宁根大学、美国农业部、巴黎萨克雷大学、佛罗里达大学、西班牙国家研究委员会、中国科学院和威斯康星大学等机构也分别对农业表型领域进行了长达15~20年的持续性研究；其他机构在农业表型领域研究的时间持续性均在15年以下。

（3）大多数机构在农业表型领域的论文产出波动增长。近年来，美国农业部、巴黎萨克雷大学、中国科学院、瓦格宁根大学、中国农业科学院、爱丁堡大学等机构在农业表型领域的论文产出波动增长。其中，美国农业部的发文量基本保持在每年30篇左右，无论是总发文量还是年发文量均位居全球第一位。

5. 机构合作分析

以全球农业表型领域发文量大于15篇的154个机构作为研究对象，以机构之间合作频次为指标，构建机构合作关系矩阵；并根据该矩阵，用VOSviewer软件绘制机构合作关系网络，如彩图3-15所示。

机构之间在全球农业表型领域合作密切，合作关系网络整体可以分为五大学术合作群体。

（1）以美国农业部为核心的学术合作群体，包括加利福尼亚大学、佛罗里达大学、康奈尔大学、得州农工大学、密歇根州立大学、威斯康星大学等机构，是美国的学术合作群体。

（2）以中国科学院为核心的学术合作群体，包括中国农业科学院、中国农业大学、南京农业大学、中国水产科学院、华中农业大学、上海海洋大学等机构，是中国的学术合作群体。

（3）以巴黎萨克雷大学为核心的学术合作群体，包括瓦格宁根大学、瑞典农业科学大学、根特大学、挪威生命科学大学、西班牙国家研究委员会、哥本哈根大学等机构，是法国、荷兰、瑞典、挪威和西班牙等国的学术合作群体。

（4）以西澳大学和墨尔本大学为核心的学术合作群体，包括昆士兰大学、图卢兹大学、阿德莱德大学、悉尼大学等机构，是澳大利亚的学术合作群体。

（5）以不列颠哥伦比亚大学和圭尔夫大学为核心的学术合作群体，包括加拿大农业与农业食品部、智利大学、拉瓦尔大学、萨斯喀彻温大学、安德烈斯贝洛大学等机构，是加拿大和智利的学术合作群体。

四、学者竞争力

1. 学者生产力分析

以全球农业表型领域发文量大于 10 篇的 19 位学者为高生产力学者的研究对象，对其发文量、第一/通讯作者发文量及其占比、所属机构和国家分布情况进行统计分析，如表 3-1 所示。

表 3-1　全球农业表型领域高生产力学者列表

学者	总发文量（篇）	第一/通讯作者发文量（篇）	第一/通讯作者发文量占比（%）	机构	国家
Heino Mikko	22	3	13.63	卑尔根大学	挪威
Yanez Jose Manuel	21	4	19.04	智利大学	智利
Houston Ross D	20	3	15	爱丁堡大学	英国
Varshney Rajeev K	18	4	22.22	西澳大学	澳大利亚
Palti Yniv	18	2	11.11	美国农业部	美国
Dieckmann Ulf	18	1	5.55	卑尔根大学	挪威
Wiens Gregory D	16	2	12.50	美国农业部	美国
Vandeputte Marc	16	4	25	巴黎萨克雷大学	法国
Kause Antti	16	6	37.50	芬兰自然资源研究所	芬兰
Vallejo Roger L	15	2	13.33	美国农业部	美国
Lhorente Jean P	13	1	7.69	智利大学	智利
Berry D P	13	4	30.76	爱尔兰农业与食品发展局	爱尔兰
Rise Matthew L	12	2	16.66	纽芬兰纪念大学	加拿大
Ortiz Rodomiro	12	2	16.66	瑞典农业科学大学	瑞典
Odegard Jorgen	12	4	33.33	挪威生命科学大学	挪威
Haffray Pierrick	12	1	8.33	巴黎萨克雷大学	法国
Martinez Paulino	11	1	9.09	圣地亚哥德孔波斯特拉大学	西班牙
Gao Guangtu	11	1	9.09	美国农业部	美国
Cao Haipeng	11	10	90.90	上海海洋大学	中国

（1）美国拥有最多的高生产力学者。19 位高生产力学者分别隶属于 12 个国家、13 个机构。其中，国家主要分布于美国（4 位）、挪威（3 位）、智利（2 位）、法国（2 位）等；机构主要分布于美国农业部（4 位）、智利大学（2 位）、卑尔根大学（2 位）、巴黎萨克雷大学（2 位）等。

（2）各学者之间生产力差距较小，Heino Mikko 的生产力最高。TOP19 高生产力学者中发文量在 15 篇以上的学者共有 9 位。其中，总发文量最高的学者为 Heino Mikko，达到了 22 篇，Yanez Jose Manuel 和 Houston Ross D 的发文量也在 20 篇以上；发文量最低的为 11 篇，可见，高生产力学者之间差距较小。

（3）Cao Haipeng 在全球农业表型领域的自主研究能力较强。TOP19 高生产力学者中仅有 Cao Haipeng 的第一/通讯作者发文量占比超过 90%，为 90.90%，表明其在全球农业表型领域中以自主研究或主持合作研究为主，自主研究能力相对较强；其次，Kause Antti、Odegard Jorgen 和 Berry D P 的第一/通讯作者发文量占比分别为 37.50%、33.33% 和 30.76%；其余作者的第一/通讯作者发文量占比均在 30% 以下。

2. 学者影响力分析

以全球农业表型领域总被引频次大于 800 次的 17 位学者作为高影响力学者的研究对象，对其被引频次、第一/通讯作者被引频次及其占比情况、所属机构和国家分布情况进行统计分析，如表 3-2 所示。

表 3-2　全球农业表型领域高影响力学者列表

学者	总被引频次（次）	第一/通讯作者被引频次（次）	第一/通讯作者被引频次占比（%）	机构	国家
Dieckmann Ulf	2 237	190	8.49	卑尔根大学	挪威
Foolad Majid R	1 732	88	5.08	宾夕法尼亚州立大学	美国
Smalla Kornelia	1 477	154	10.42	朱利叶斯·库恩研究所	德国
Mcpherron Alexandra C	1 398	1 398	100	约翰斯·霍普金斯大学	美国
Gepts Paul	1346	354	26.30	加利福尼亚大学	美国
Richards Stephen	1 193	689	57.75	贝勒医学院	美国
Andersson Leif	1 167	299	25.62	瑞典农业科学大学	瑞典
Berg Gabriele	1 159	1 159	100	格拉茨技术大学	奥地利
Varshney Rajeev K	1 036	279	26.93	西澳大学	澳大利亚
Hill William G	980	32	3.26	爱丁堡大学	英国
Ernande Bruno	978	203	20.75	法国国家海洋研究机构	法国
Law Richard	947	829	87.53	约克大学	英国
Dellapenna Dean	922	546	59.21	密歇根州立大学	美国

（续表）

学者	总被引 频次 （次）	第一/通讯 作者被引 频次 （次）	第一/通讯 作者被引 频次占比 （％）	机构	国家
Mahlein Anne-Katrin	876	626	71.46	波恩大学	德国
Ghanim Murad	833	90	10.80	以色列农业研究中心	以色列
Carlborg Orjan	825	207	25.09	乌普萨拉大学	瑞典
Dekkers Jack C M	802	392	48.87	爱荷华州立大学	美国

（1）美国拥有的高影响力学者最多。17 位高影响力学者分别隶属于 9 个国家、17 个机构。其中，国家主要分布于美国（6 位）、英国（2 位）、瑞典（2 位）、德国（2 位）等；机构主要分布于卑尔根大学、朱利叶斯·库恩研究所、约克大学、约翰斯·霍普金斯大学、加利福尼亚大学、波恩大学、瑞典农业科学大学等。

（2）各学者之间影响力差距较大，Dieckmann Ulf 的影响力最高。TOP17 高影响力学者中总被引频次在 1 000 次以上的共有 9 位。其中，总被引频次最高的学者为 Dieckmann Ulf，达到了 2 237 次；其次是 Foolad Majid R，其总被引频次为 1 732 次；此外，Smalla Kornelia、Mcpherron Alexandra C、Gepts Paul、Richards Stephen、Andersson Leif、Berg Gabriele 和 Varshney Rajeev K 等学者的总被引频次均在 1 000~1 500 次，表明这些学者在全球农业表型领域的研究成果拥有较高的影响力。

（3）Mcpherron Alexandra C、Berg Gabriele 在全球农业表型领域自主研究能力较强。TOP17 高影响力学者中，仅有 6 位学者的第一/通讯作者总被引频次占比超过 50%。其中，Mcpherron Alexandra C 和 Berg Gabriele 的第一/通讯作者总被引频次占比最高，均为 100%，表明这两位学者在全球农业表型领域以自主研究或主持合作研究为主，自主研究能力较强；另外，Law Richard、Mahlein Anne-Katrin、Dellapenna Dean 和 Richards Stephen 的第一/通讯作者总被引频次占比均超过 50%。

3. 学者论文质量分析

以全球农业表型领域发文量大于等于 10 篇，同时总被引频次大于 300 次的 15 位学者作为高竞争力学者的研究对象，并对其篇均被引频次、第一/通讯作者篇均被引频次进行统计分析，如彩图 3-16 所示。

（1）美国拥有最多的高竞争力学者。15 位高竞争力学者分别隶属于 10 个国家、10 个机构。其中，国家主要分布于美国（4 位）、智利（2 位）、挪威（2 位）等；机构主要分布于美国农业部（4 位）、智利大学（2 位）、卑尔根大学（2 位）等。

（2）高竞争力学者的论文质量大多高于全球平均水平。全球农业表型领域学者平均篇均被引频次为 25.43 次，TOP15 高竞争力学者中除 Yanez Jose Manuel 外，其他学者的篇均被引频次均高于全球学者的平均值；仅有三位学者的第一/通讯作者篇均被引频次低于全球平均值。可见，高竞争力学者论文质量与其他学者相比具有明显优势。

（3）Heino Mikko、Dieckmann Ulf 在全球农业表型领域的论文质量最高。高竞争力学者中，Heino Mikko 和 Dieckmann Ulf 的篇均被引频次和第一/通讯作者篇均被引频次均高于 100 次，表明这两位学者在全球农业表型领域的整体论文质量和第一/通讯作者论文质量最高；其次，Mahlein Anne-Katrin 的篇均被引频次和第一/通讯作者篇均被引频次均高于 80 次；Varshney Raeev K 的篇均被引频次和第一/通讯作者篇均被引频次均高于 50 次；此外，还有 Houston Ross D、Vallejo Roger L 和 Yanez Jose Manuel 的第一/通讯作者篇均被引频次均在 50 次以上，但篇均被引频次相对较低。

4. 学者发文态势分析

以全球农业表型领域发文量大于 15 篇的 10 个学者作为研究对象，对其发文态势情况进行对比分析，如彩图 3-17 所示。

（1）各学者在全球农业表型领域研究的起步时间差别较大，Heino Mikko、Kause Antti 和 Dieckmann Ulf 等起步较早。Heino Mikko 于 2002 年最早开始农业表型领域的研究；Kause Antti 和 Dieckmann Ulf 等紧随其后，均于 2003 年开始相关研究；此外，Vallejo Roger L、Wiens Gregory D、Palti Yniv 和 Vandeputte Marc 等 4 位学者均在 2010 年以前开展了相关研究；最晚的是 Yanez Jose Manuel，从 2014 年开始相关研究。

（2）近年来，各高生产力学者在全球农业表型领域的论文产出趋势各不相同。Yanez Jose Manuel、Houston Ross D 和 Varshney Rajeev K 等学者在全球农业表型领域的论文产出波动增长，总发文量逐年稳步提升。Heino Mikko、Palti Yniv、Dieckmann Ulf、Wiens Gregory D、Kause Antti 和 Vallejo Roger L 等学者近年来的在全球农业表型领域的论文产出呈逐渐减少趋势。

5. 学者合作分析

以全球农业表型领域发文量大于等于 5 篇的 154 位学者为研究对象，以学者之间合作频次为指标，构建学者合作关系矩阵；并根据该矩阵，用 VOSviewer 软件绘制学者合作关系网络，如彩图 3-18 所示。

全球农业表型领域合作网络主要可以分 12 个合作群体。其中，学者数不少于 15 人的群体有 4 个，分别如下。

（1）以 Houston Ross D、Bovenhuis Henk、Banos Georgios、Tsigenopoulos Costas S 等为核心的爱丁堡大学、瓦格宁根大学、塞萨洛尼基亚里士多德大学和希腊海洋研究中心合作群体。

（2）以 Walter Achim、Lynch Jonathan P、Russell Joanne、Mahlein Anne-Katrin 等为核心的苏黎世联邦理工学院、宾夕法尼亚州立大学、詹姆斯赫顿研究所和波恩大学合作群体。

（3）以 Varshney Rajeev K、Schmidhalter Urs、Bohra Abhishek、Ortiz Rodomiro 等为核心的默多克大学、慕尼黑理工大学、奥斯曼尼亚大学、瑞典农业科学大学合作群体。

（4）以 Martinez Paulino、Robledo Diego、Toro Miguel Angel、Pardo Belen G、Avendano-Herrera R 等为核心的圣地亚哥德孔波斯特拉大学、马德里理工大学、安德烈斯贝洛大学合作群体。

五、学科竞争力

1. 学科竞争力分析

采用 Web of Science 学科分类体系，对全球农业表型领域各学科的发文量、总被引频次进行统计分析，如彩图 3-19、彩图 3-20 所示。

（1）全球农业表型研究涉及学科门类众多，研究相对聚焦。全球农业表型领域的研究共分布在 90 个学科类别中，研究涉及学科门类众多，学科交叉融合明显。其中，农学以 1 609 篇的发文量排在首位，远远高于其他学科；植物科学以 1 185 篇的发文量紧随其后；另外，遗传学、渔业、海洋与淡水生物学、生物技术与应用微生物学等学科的发文量均在 500 篇以上。这 6 个学科的文献之和占全部文献近 60%，可见，领域研究重点突出、相对聚焦。

（2）全球农业表型领域各学科的影响力差距悬殊，植物科学的影响力最高。植物科学学科的总被引频次排名第一，高达 36 361 次，远远超过其他学科；其次是农学和遗传学，相关文献总被引频次均在 20 000 次以上；再次是科学与技术学科、生物技术与应用微生物学、海洋与淡水生物学、生物化学与分子生物学、环境科学与生态学、渔业、微生物学等学科，总被引频次均在 10 000 次以上。可见，各学科之间的影响力差距很大。

（3）植物科学、农学、遗传学等学科综合竞争力相对较高。植物科学、农学、遗传学等学科的发文量和总被引频次均排在全球农业表型领域前 5 位，说明这 3 个学科的综合竞争力很高。另外，渔业、海洋与淡水生物学、生物技术与应用微生物学、环境科学与生态学、微生物学、科学与技术学科等的发文量和总被引频次均排在前 10 位，表明这些学科也具有较高的综合竞争力。

2. 学科发文趋势分析

通过统计全球农业表型领域发文量大于 100 篇的 17 个学科类别的发文趋势情况，结果如彩图 3-21 所示。

（1）农学、植物科学是全球农业表型领域研究的基础优势学科。农学、植物科学分别于 1991 年、1993 年开始农业表型领域的研究，且保持近 30 年的持续性研究，文献数量明显多于其他学科，同时呈逐年上升的趋势，说明这些学科是全球农业表型领域的基础优势学科。

（2）全球农业表型领域呈现新兴学科融合发展态势。环境科学与生态学、生命科学与生物医学、进化生物学、化学、昆虫学等学科在全球农业表型领域的研究起步相对较晚，均在 1995 年以后。近年来，相关学科的发文量逐步增长且呈现持续性研究状态，逐步成为全球农业表型领域的新兴学科。

六、期刊竞争力

1. 期刊竞争力分析

以全球农业表型领域载文量大于 10 篇，同时总被引频次大于 1 000 次的 25 种期刊作为高竞争力期刊的研究对象，并对其载文量、总被引频次、篇均被引频次及影响因子进行统计分析，如表3-3所示。

表3-3　全球农业表型领域高竞争力期刊列表

期刊	载文量（篇）	排名	总被引频次（次）	排名	篇均被引频次（次）	排名	影响因子	排名
AQUACULTURE	218	1	4 821	3	22. 11	20	3. 477	19
FRONTIERS IN PLANT SCIENCE	191	2	3 530	5	18. 48	22	4. 568	12
PLOS ONE	178	3	5 079	2	28. 53	17	2. 942	20
BMC GENOMICS	135	4	4 172	4	30. 9	15	3. 675	17
SCIENTIFIC REPORTS	91	5	1 440	16	15. 82	25	4. 149	15
JOURNAL OF DAIRY SCIENCE	88	6	2 320	7	26. 36	18	3. 494	18
JOURNAL OF FISH BIOLOGY	78	7	2 844	6	36. 46	13	1. 519	25
FRONTIERS IN GENETICS	72	8	1 182	22	16. 41	24	4. 599	11
FRONTIERS IN MICROBIOLOGY	70	9	1 212	21	17. 31	23	4. 443	13
JOURNAL OF ANIMAL SCIENCE	68	10	1 381	17	20. 3	21	1. 911	23
EUPHYTICA	65	11	1 681	11	25. 86	19	1. 697	24
EVOLUTIONARY APPLICATIONS	57	12	1 746	10	30. 63	16	4. 153	14
THEORETICAL AND APPLIED GENETICS	51	13	1 868	8	36. 62	12	4. 643	9
PROCEEDINGS OF THE NATIONAL ACADEMY OF SCIENCES OF THE UNITED STATES OF AMERICA	40	14	6 023	1	150. 57	1	9. 351	1
APPLIED AND ENVIRONMENTAL MICROBIOLOGY	38	15	1 367	18	35. 97	14	4. 11	16
JOURNAL OF EXPERIMENTAL BOTANY	37	16	1 790	9	48. 37	10	5. 557	6
PLANT BIOTECHNOLOGY JOURNAL	28	17	1 310	19	46. 78	11	8. 738	2
PLANT PHYSIOLOGY	26	18	1 574	13	60. 53	8	7. 444	4

（续表）

期刊	载文量（篇）	排名	总被引频次（次）	排名	篇均被引频次（次）	排名	影响因子	排名
FIELD CROPS RESEARCH	24	19	1 268	20	52.83	9	4.856	8
MARINE ECOLOGY PROGRESS SERIES	23	20	1 482	15	64.43	7	2.431	22
NEW PHYTOLOGIST	20	21	1 531	14	76.55	5	8.526	3
PLOS GENETICS	18	22	1 600	12	88.88	3	5.109	7
CRITICAL REVIEWS IN PLANT SCIENCES	14	23	1 167	23	83.35	4	6.382	5
ICES JOURNAL OF MARINE SCIENCE	14	23	1 037	25	74.07	6	2.941	21
PROCEEDINGS OF THE ROYAL SOCIETY B – BIOLOGICAL SCIENCES	12	25	1 097	24	91.41	2	4.626	10

（1）各个期刊在全球农业表型领域的生产力、影响力和论文质量差距较大。TOP25 高竞争力期刊中关于农业表型领域的载文量最高达 218 篇，最低为 12 篇，相差约 18 倍。其中，《AQUACULTURE》（218 篇）、《FRONTIERS IN PLANT SCIENCE》（191 篇）和《PLOS ONE》（178 篇）是载文量最多的 3 种期刊，表明这 3 种期刊在全球农业表型领域的生产力最高。

TOP25 高竞争力期刊中被引频次最高达 6 023 次，最低为 1 037 次，相差近 6 倍。其中，《PROCEEDINGS OF THE NATIONAL ACADEMY OF SCIENCES OF THE UNITED STATES OF AMERICA》（6 023 次）、《PLOS ONE》（5 079 次）和《AQUACULTURE》（4 821 次）的总被引频次排在前三位，表明这 3 种期刊在全球农业表型领域的影响力最高。

TOP25 高竞争力期刊中篇均被引频次最高达 150.57 次，最低为 15.82 次，相差超 9 倍。排在前三位的是《PROCEEDINGS OF THE NATIONAL ACADEMY OF SCIENCES OF THE UNITED STATES OF AMERICA》（150.57 次）、《PROCEEDINGS OF THE ROYAL SOCIETY B – BIOLOGICAL SCIENCES》（91.41 次）和《PLOS GENETICS》（88.88 次），表明这 3 种期刊在全球农业表型领域的论文质量较高。

TOP25 高竞争力期刊中影响因子最高达 9.351，最低为 1.519，影响因子差距较大。影响因子排在前三位的期刊是《PROCEEDINGS OF THE NATIONAL ACADEMY OF SCIENCES OF THE UNITED STATES OF AMERICA》（9.351）、《PLANT BIOTECHNOLOGY JOURNAL》（8.738）、《NEW PHYTOLOGIST》（8.526）。

（2）《PROCEEDINGS OF THE NATIONAL ACADEMY OF SCIENCES OF THE UNITED STATES OF AMERICA》《JOURNAL OF EXPERIMENTAL BOTANY》是全球农

业表型领域综合竞争力最高的期刊。综合四项指标来看，没有期刊载文量、总被引频次、篇均被引频次和影响因子均排在前 10 位的期刊；有三项指标排在前 10 位的期刊有：《PROCEEDINGS OF THE NATIONAL ACADEMY OF SCIENCES OF THE UNITED STATES OF AMERICA》和《JOURNAL OF EXPERIMENTAL BOTANY》，说明这两种期刊在全球农业表型领域的综合竞争力相对最高。

2. 期刊载文态势分析

通过统计全球农业表型领域相关载文量大于 50 篇的 13 种高载文量期刊的年度载文变化情况，结果如彩图 3-22 所示。

（1）各期刊最早关注农业表型领域相关研究的时间不同，《AQUACULTURE》等期刊于 1991 年最早开始关注农业表型领域的研究；《JOURNAL OF DAIRY SCIENCE》《EUPHYTICA》《JOURNAL OF ANIMAL SCIENCE》《THEORETICAL AND APPLIED GENETICS》和《JOURNAL OF FISH BIOLOGY》等期刊于 1992—1995 年开始关注农业表型领域的研究，相对较早；《BMC GENOMICS》《EVOLUTIONARY APPLICATIONS》和《PLOS ONE》等期刊分别于 2005—2010 年开始对农业表型领域的研究；《FRONTIERS IN GENETICS》于 2014 年才开始关注农业表型领域的研究，相对较晚。

（2）各个期刊对农业表型领域关注持续性差别明显，《AQUACULTURE》于 2011 年开始对农业表型领域进行长达 21 年的持续性关注，时间最长；《BMC GENOMICS》《EUPHYTICA》《PLOS ONE》和《JOURNAL OF DAIRY SCIENCE》分别于 2005 年、2008 年、2010 年和 2010 年开始对农业表型领域进行了 17 年、14 年、12 年、12 年的持续性研究；其他期刊在农业表型领域研究的时间持续性均在 10 年以下。

（3）近年来，《AQUACULTURE》《FRONTIERS IN PLANT SCIENCE》《SCIENTIFIC REPORTS》和《FRONTIERS IN GENETICS》等期刊在农业表型领域的载文量增长较快，《JOURNAL OF FISH BIOLOGY》和《EUPHYTICA》等期刊的载文量逐渐减少。《AQUACULTURE》期刊在农业表型领域的载文量呈波动性快速增长，年度载文量最高达到了 36 篇；《FRONTIERS IN PLANT SCIENCE》《SCIENTIFIC REPORTS》《FRONTIERS IN GENETICS》等期刊对农业表型领域的关注时间虽较晚，但载文量增速较快，年度载文量最高也达到了 35 篇；而《JOURNAL OF FISH BIOLOGY》和《EUPHYTICA》期刊在农业表型领域的载文量则呈下降趋势。

第三节　领域研究主题分析

一、研究主题

经过聚类分析，构建领域关键词聚类图，如彩图 3-23 所示。可见，全球农业表型领域的研究分为三大主题领域，分别为"基因组学""表型组学"和"动植物育种"。

1. 基因组学

通过对基因组学关键词进行统计分析可知，本主题主要针对动植物所有基因进行集体表征、定量研究及不同基因组比较研究。该主题包含的关键词有：鉴别、基因、反抗、基因表达、多样性、拟南芥、比较基因组学、全基因组关联、抗生素耐药性、抗病力、遗传流行病学等。

2. 表型组学

通过对表型组学关键词进行统计分析可知，本主题主要针对动植物的全部性状特征，包括动物个体行为、体型外貌、发育特征等，植物的生育期、株高、叶面积、穗质量、形态，以及倒伏、病虫害、抗旱等。该主题包含的关键词有：生长、进化、表型可塑性、尺寸、粮食产量、遗传多样性、种群、特性、温度、反应、耐旱性、产量、气候变化、质量、叶面积指数等。

3. 动植物育种

通过对动植物育种关键词进行统计分析可知，本主题主要针对动植物多尺度、多时序全生育期的生长动态监测，为育种提供了重要数据支撑。该主题包含的关键词有：选择、数量性状基因座、表现、品种、遗传参数、体重、标记、预测、生育能力、体型结构、基因改良等。

二、研究热点及阶段性研究前沿

1. 研究热点分析

利用 VOSviewer 密度视图功能对全球农业表型领域的研究热点进行分析，如彩图 3-24 所示。在密度视图中，从冷色调（蓝色）到暖色调（红色）表示关键词共现的频次越来越高，即研究主题的热度越来越高。可见，"生长""进化""种群""鉴别""基因""表达""反抗""选择""表型可塑性""拟南芥""产量"等主题词是本领域的热点研究方向。

2. 阶段性研究前沿分析

结合 VOSviewer 生成的关键词时区视图（定量地表示出不同研究热点的热度及其随时间变迁规律）和 Cite Space 生成的突现词列表（突现词是指短时间内使用频率骤增的关键词，可以表征研究前沿的发展趋势，突现词的突现值则表现了该词短时间内使用频率骤增的强度），如彩图 3-25、彩图 3-26 所示，可以得到如下结论。

（1）1991—2000 年突现词："DNA""遗传相关性""乳牛""生产力""模型""链接地图"等。在这一时期突现词较少，"DNA"的突现时间最长，为 23 年，突现值为 7.74；"遗传相关性"的突现时间为 18 年，突现值为 8.73，突现值最高；"乳牛""模型""链接地图"等的突现时间同为 13 年，突现值分别为 7.56、7.87、8.56；"生产力"的突现时间为 12 年，突现值为 8.27。由此得出，在研究时限范围内，"DNA""遗传相关性""链接地图""生产力"等为全球农业表型领域的重要研究关键词。

（2）2001—2010 年突现词："渔业""生物工程""功能基因组学""基因""成熟期""生命史演变""反应规范""分子标记""鳟鱼""重量""单核苷酸多态性""微阵列""微型卫星"等。在这一阶段内突现词增加较多，"生物工程"的突现时间较长，为 11 年，且积累的突现值为 7.17；"渔业"的突现时间为 9 年，突现值为

10.65，突现值相对较高；"功能基因组学"的突现时间为9年，突现值为11.23，突现值最高；"基因"的突现时间为9年，突现值为7.79。由此得出，在研究时限范围内，"生物工程""渔业"和"功能基因组学"等为全球农业表型领域的重要研究关键词。

（3）2011—2022年突现词："三文鱼""气候变化""遗传参数""尺寸""转录组""标记""表型""系统""代谢""基因组选择""预测""耐受性""干旱""比较基因组学"等。在这一阶段内突现词增加较多，"气候变化"的突现时间较长，为8年，突现值为10.47；"表型"的突现时间为6年，突现值为27.41，突现值最高；"系统"的突现时间为6年，突现值为14.21；"基因组选择"和"预测"的突现时间同为5年，突现值分别为25.04、21.77，突现值相对较高。由此得出，在研究时限范围内，"气候变化""表型""基因组选择""预测"等为全球农业表型领域的重要研究关键词。

第四章　我国农业表型领域发展态势分析

第一节　数据来源

数据源选择中国知网（CNKI）的中国期刊全文数据库，以"SU＝表型 * （育种+选择+生长+株高+叶面积+品质+识别+品种+形态+抗倒伏+病虫害+虫害+遗传多样性+性状+抗性+产量+干旱+……）"为检索式，检索限定的时间范围是不限，期刊来源类别选定"SCI 来源期刊""EI 来源期刊""核心期刊""CSSCI 来源期刊"，检索日期为2022 年 2 月 10 日，获取相关核心期刊论文 5 668 篇文献，经过人工判读，利用软件进行数据清洗去掉不相关及信息不全的文献，确定 3 470篇文献作为最终的研究数据集。

第二节　领域科研竞争力分析

一、概况

我国农业表型领域的研究始于 1992 年，至今大体可以分为萌芽期、稳步发展期、快速增长期三个发展阶段，目前已经处于快速增长期，如彩图 4-1 所示。

（1）第一阶段：萌芽期（1992—2003 年）。我国农业表型领域在核心期刊上的总发文量为 126 篇，平均每年约 10 篇。机构、作者的数量和研究成果均较少，且呈现小幅波动增长状态，我国农业表型领域研究开始缓慢发展。该时期的核心研究机构有中国科学院、中国农业科学院、中国林业科学院、南京农业大学等。

（2）第二阶段：稳步发展期（2004—2013 年）。我国农业表型领域在核心期刊上的总发文量为 1 024篇，平均每年约 102 篇。我国农业表型领域的研究逐渐引起广泛关注，研究成果呈稳步发展状态。该时期的核心研究机构有中国农业科学院、中国科学院、中国林业科学院、中国农业大学、西北农林科技大学、南京农业大学等。

（3）第三阶段：快速增长期（2014—2022 年）。我国农业表型领域在核心期刊上的总发文量为 2 320篇，平均每年约 258 篇。研究成果呈快速增长状态且达到最高，说明我国农业表型领域的研究已得到高度重视。该时期的核心研究机构有中国农业科学院、中国科学院、中国林业科学院、南京农业大学、西北农林科技大学等。

二、机构竞争力

1. 机构生产力分析

以我国农业表型领域核心期刊发文量大于等于 50 篇的 17 个机构作为高生产力机构的研究对象，对其发文量情况进行统计分析，如彩图 4-2 所示。

（1）各机构之间生产力差距较大。TOP17 高生产力机构中发文量最高达 411 篇，最低为 50 篇，两者相差超 8 倍；排名前三位高生产力机构的发文总量为 777 篇，占到 TOP17 高生产力机构总发文量的约 42%。可见，高生产力机构之间存在较大差距。

（2）中国农业科学院、中国科学院、中国林业科学院等是我国农业表型领域的重要产出机构。中国农业科学院以 411 篇的总发文量排在首位，中国科学院以 189 篇的总发文量排在第二位，中国林业科学院以 177 篇的总发文量位居第三位。这三家机构是我国农业表型领域论文的重要产出机构。紧随其后的是南京农业大学、西北农林科技大学、中国农业大学。另外，四川农业大学、华中农业大学、北京林业大学的发文量均在 80 篇以上。

（3）我国各个省级行政区的高生产力机构分布不均。将高生产力机构按照所属省级行政区进行分类统计发现，这 17 个高生产力机构分别隶属于 11 个省级行政区。其中，北京市拥有 5 家高生产力机构，排在第一位；江苏省拥有 3 家高生产力机构。

2. 机构影响力分析

以我国农业表型领域核心期刊总被引频次大于 600 次的 19 个机构作为高影响力机构的研究对象，对其总被引频次情况进行统计分析，如彩图 4-3 所示。

（1）各机构之间影响力差距较大。TOP19 高影响力机构中总被引频次最高达 7 953 次，最低为 614 次，两者相差超过 12 倍；排名前三位高生产力机构的总被引频次为 14 938 次，占到 TOP19 高生产力机构总被引频次之和的 46%。可见，同生产力一样，高影响力机构之间也存在巨大差距。

（2）中国农业科学院、中国林业科学院和中国科学院等在我国农业表型领域的影响力远超其他机构。中国农业科学院以 7 953 次的总被引频次排在首位，中国林业科学院以 3 608 次的总被引频次位居第二位，中国科学院以 3 377 次的总被引频次位居第三位，这三家机构在农业表型领域的影响力远高于其他机构。排在其后的是南京农业大学、中国农业大学等，其总被引频次均在 2 000 次以上；另外，四川农业大学、北京林业大学、云南省农业科学院、华中农业大学、西北农林科技大学的总被引频次都在 1 000 次以上。可见，这些机构在我国农业表型领域拥有较高的影响力。

（3）我国各个省级行政区的高影响力机构分布不均。将高影响力机构按照所属省级行政区进行分类统计发现，这 19 个高影响力机构分别隶属于 13 个省级行政区。其中，北京市拥有 6 家高影响力机构，排在第一位；江苏省拥有 2 家高影响力机构。

3. 机构论文质量分析

以我国农业表型领域核心期刊发文量大于 50 篇，同时总被引频次高于 500 次的 15 个机构作为高竞争力机构的研究对象，对其篇均被引频次情况进行统计分析，如彩图

4-4 所示。

（1）高竞争力机构的论文质量差异较大。TOP15 高竞争力机构中，论文篇均被引频次最高为 23.32 次，最低的仅为 9.32 次，相差约 2.5 倍。可见，高竞争力机构单篇成果的质量具有明显的差距。

（2）中国农业大学、中国林业科学院和中国农业科学院在我国农业表型领域的论文质量最高。中国农业大学的篇均被引频次为 23.32 次，排在第一位，在我国农业表型领域的整体论文质量最高；中国林业科学院和中国农业科学院分别以 20.38 次和 19.35 次的篇均被引频次位列第二和第三；紧随其后的是中国科学院，以 17.86 次的篇均被引频次位列第四；另外，云南省农业科学院、南京农业大学、四川农业大学和北京林业大学的篇均被引频次均高于 15 次。这些机构在我国农业表型领域的论文质量较高。

（3）北京市拥有的高竞争力机构最多。将高竞争力机构按照所属省级行政区进行分类统计发现，这 15 个高竞争力机构分别隶属于 11 个省级行政区，北京市拥有 5 家高竞争力机构，排名第一，分别为中国农业大学、中国林业科学院、中国农业科学院、中国科学院、北京林业大学。

4. 机构发文态势分析

以我国农业表型领域核心期刊发文量大于 50 篇的 13 个机构作为研究对象，对其发文态势情况进行对比分析，如彩图 4-5 所示。

（1）各机构在我国农业表型领域核心期刊发表研究成果的起步时间不同。中国农业科学院、中国林业科学院、南京农业大学和北京林业大学等机构均于 1992 年开始在我国农业表型领域核心期刊发表研究成果，起步最早；其次是华中农业大学和中国科学院，分别于 1993 年、1994 年开始发表研究成果，起步较早；四川农业大学、河南农业大学和东北农业大学均于 1996 年开始在我国农业表型领域核心期刊发表研究成果；云南省农业科学院、西北农林科技大学和西南大学均在 2000 年以后才开始发表研究成果，起步相对较晚。

（2）各个机构在我国农业表型领域核心期刊发表研究成果的时间持续性总体较长。中国科学院在我国农业表型领域核心期刊上持续发表研究成果长达 24 年；中国农业科学院和中国林业科学院紧随其后，均有 20 年的持续性发表研究成果；其次，南京农业大学和西北农林科技大学在我国农业表型领域进行了 19 年持续性产出；四川农业大学、华中农业大学、东北农业大学、北京林业大学和云南省农业科学院等在我国农业表型领域核心期刊上持续发表研究成果均在 15 年及以上；其他机构由于在核心期刊上发表有所中断，研究持续性均在 15 年以下。可见，各个机构在我国农业表型领域核心期刊上发表研究成果的时间持续性总体较长。

（3）各个机构在我国农业表型领域核心期刊的论文产出趋势各不相同。近年来，中国科学院、南京农业大学、中国农业大学、华中农业大学和北京林业大学等机构在我国农业表型领域的论文产出波动增长，虽然近两年有所下降，但总体发文量呈稳定上升趋势；中国农业科学院、中国林业科学院和西北农林科技大学等机构近年来的论文产出呈明显下降趋势；云南省农业科学院和西南大学自 2015 年以来年发文量不足 10 篇。

5. 机构合作分析

以我国农业表型领域发文量大于等于 10 篇的 91 个机构作为研究对象，以机构之间合作频次为指标，构建机构合作关系矩阵；并根据该矩阵，用 VOSviewer 软件绘制机构合作关系网络，如彩图 4-6 所示。

机构之间在我国农业表型领域合作较多，合作网络整体可以分为六大合作群体。

（1）由中国林业科学院、四川农业大学、北京林业大学、西南林业大学等机构组成的北京、四川、云南等省（市）的合作群体。

（2）由中国农业科学院、黑龙江省农业科学院、吉林省农业科学院、东北农业大学、江西省农业科学院等机构组成的北京、黑龙江、吉林、江西等省（市）的合作群体。

（3）由甘肃农业大学、广东省农业科学院、华南农业大学、中山大学、吉林农业大学等机构组成的甘肃、广东、吉林等省份的合作群体。

（4）由西北农林科技大学、中国农业大学、新疆农业科学院、山东省农业科学院等机构组成的陕西、北京、新疆、山东等省（区、市）的合作群体。

（5）以中国科学院、浙江大学、安徽省农业科学院、杭州师范大学、浙江省农业科学院等机构组成的北京、浙江、安徽等省（市）的合作群体。

（6）以南京农业大学、河南农业大学、江苏省农业科学院、扬州大学、山西省农业科学院等机构组成的江苏、河南、山西等省份的合作群体。

三、学者竞争力

1. 学者生产力分析

以我国农业表型领域核心期刊发文量大于等于 9 篇的 21 位学者为高生产力学者的研究对象，对其发文量、所属机构情况进行统计分析，如表 4-1 所示。

表 4-1　我国农业表型领域高生产力学者列表

学者	总发文量（篇）	机构
黎裕	19	中国农业科学院
万建民	19	中国农业科学院
邱丽娟	15	中国农业科学院
蔡一林	13	西南大学
杨德龙	13	甘肃农业大学
刘新龙	12	云南省农业科学院
陆鑫	12	云南省农业科学院
李自超	11	中国农业大学
杨允菲	11	东北师范大学
罗建勋	11	四川省林业科学研究院

（续表）

学者	总发文量（篇）	机构
陈学军	10	江西省农业科学院
肖亮	10	湖南农业大学
蔡年辉	10	西南林业大学
胡文静	10	扬州大学
张洪亮	9	中国农业大学
刘志斋	9	中国农业科学院
韩龙植	9	中国农业科学院
李永祥	9	中国农业科学院
王丽侠	9	中国农业科学院
龚榜初	9	中国林业科学院
程诗明	9	浙江省林业科学研究院

（1）中国农业科学院拥有的高生产力学者最多。TOP21高生产力学者分别隶属于13个机构。其中，中国农业科学院占据7位，拥有最多的高生产力学者；其次是中国农业大学和云南省农业科学院各拥有2位高生产力学者；中国林业科学院、浙江省林业科学研究院、扬州大学、西南林业大学、西南大学、四川省林业科学研究院、江西省农业科学院、湖南农业大学、甘肃农业大学、东北师范大学等机构各拥有1位高生产力学者。

（2）各学者之间生产力差距明显，黎裕和万建民的生产力最高。TOP21高生产力学者中发文量在15篇及以上的学者共有3位。其中，总发文量最高的学者为黎裕和万建民，达到了19篇；邱丽娟的发文量为15篇。这些学者具有较高的生产力。TOP21高生产力学者中发文量最低的为9篇，可见，高生产力学者之间存在明显差距。

2. 学者影响力分析

以我国农业表型领域核心期刊总被引频次大于150次的21位学者作为高影响力学者的研究对象，对其总被引频次、所属机构分布情况进行统计分析，如表4-2所示。

表4-2 我国农业表型领域高影响力学者列表

学者	总被引频次（次）	机构
李自超	998	中国农业大学
张洪亮	976	中国农业大学
黎裕	954	中国农业科学院
万建民	642	中国农业科学院
贾继增	614	中国农业科学院

（续表）

学者	总被引频次（次）	机构
罗建勋	540	四川省林业科学研究院
邱丽娟	518	中国农业科学院
陈士林	356	中国中医科学院
蔡一林	295	西南大学
刘志斋	275	西南大学
韩龙植	193	中国农业科学院
刁松锋	179	中国林业科学院
刘新龙	178	云南省农业科学院
陆鑫	178	云南省农业科学院
陈学军	175	江西省农业科学院
李永祥	172	中国农业科学院
王丽侠	168	中国农业科学院
龚榜初	166	中国林业科学院
李树发	160	云南省农业科学院
赵曦阳	153	东北林业大学
徐福荣	152	云南省农业科学院

（1）中国农业科学院拥有的高影响力学者最多。TOP21 高影响力学者分别隶属于 9 个机构。其中，中国农业科学院拥有 7 位高影响力学者，数量最多；其次是云南省农业科学院拥有 4 位高影响力学者；中国农业大学、中国林业科学院、西南大学各拥有 2 位高生产力学者。

（2）各学者之间影响力差距较大，李自超和张洪亮的影响力最高。TOP21 高影响力学者中总被引频次在 600 次以上的共有 5 位。其中，李自超和张洪亮的总被引频次分别达到了 998 次和 976 次，排名前两位；紧随其后的是黎裕、万建民、贾继增，罗建勋和邱丽娟的总被引频次也均在 500 次以上。说明这些学者在我国农业表型领域的研究成果拥有较高的影响力。TOP21 高影响力学者中有 11 位总被引频次在 200 次以下。可见，各高影响力学者之间的影响力差距较大。

3. 学者论文质量分析

以我国农业表型领域核心期刊发文量大于等于 10 篇，同时总被引频次大于 100 次的 12 位学者作为高竞争力学者的研究对象，并对其篇均被引频次进行统计分析，如彩图 4-7 所示。

（1）中国农业科学院拥有的高竞争力学者最多。15 位高竞争力学者分别隶属 9 个机构。其中，中国农业科学院拥有的高竞争力学者最多，共 3 位；其次是云南省农业科学院拥有 2 位高竞争力学者；中国农业大学、西南大学、四川省林业科学研究院、江西省农业科学院、湖南农业大学、甘肃农业大学、东北师范大学各拥有 1 位高竞争力作者。

（2）高竞争力学者的论文质量大多高于全国平均水平。中国农业表型领域学者平均篇均被引频次为 12.13 次，高竞争力学者的篇均被引频次最高的为 90.72 次，最低的为 9 次，除肖亮和杨德龙外，均高于整体领域学者的平均值。可见，高竞争力学者不仅整体的生产力和影响力水平高，其论文的质量与其他学者相比也具有明显优势。

（3）李自超在我国农业表型领域的论文质量最高。高竞争力学者中，李自超的篇均被引频次为 90.72 次，排名第一，论文质量最高；其次是黎裕和罗建勋的篇均被引频次分别为 50.21 次、49.09 次；邱丽娟、万建民和蔡一林等学者的篇均被引频次均高于 20 次。可见，这些学者在我国农业表型领域的整体论文质量较高。

4. 学者发文态势分析

以我国农业表型领域核心期刊发文量大于等于 10 篇的 14 个学者作为研究对象，对其发文态势情况进行对比分析，如彩图 4-8 所示。

（1）各高生产力学者在我国农业表型领域核心期刊发表研究成果的起步时间和持续时期差别较大，李自超、罗建勋、黎裕和邱丽娟等起步最早。李自超于 2000 年最早开始在我国农业表型领域核心期刊发表研究成果；罗建勋、黎裕和邱丽娟等紧随其后，分别于 2003 年、2004 年、2004 年开始发表研究成果；此外，万建民、杨允菲、陈学军、蔡一林、陆鑫、刘新龙等学者均在 2010 年之前发表过研究成果；胡文静的发表时间较晚，从 2017 年才开始在我国农业表型领域核心期刊有产出。蔡一林的研究持续性较长，为 8 年；其次是黎裕、万建民、蔡年辉和胡文静等在我国农业表型领域的研究持续时间均为 5 年；其他学者的研究持续时间均在 5 年及以下，持续性相对较短。可见，各高生产力学者在我国农业表型领域起步时间和持续时间差别较大。

（2）近年来，各高生产力学者在我国农业表型领域核心期刊的论文产出逐渐减少。近年来，胡文静和邱丽娟在我国农业表型领域核心期刊的论文产出波动增长。万建民、黎裕、肖亮、蔡年辉、陈学军等学者近年来的论文呈逐渐减少的趋势。此外，蔡一林、陆鑫、刘新龙、杨允菲、李自超、罗建勋等学者近 5 年的核心期刊论文年产出不足 1 篇。总体来看，近年来高生产力学者在我国农业表型领域核心期刊的论文产出呈逐渐减少的趋势。

5. 学者合作分析

以我国农业表型领域核心期刊发文量大于等于 5 篇的 228 位学者为研究对象，以学者之间合作频次为指标，构建学者合作关系矩阵；并根据该矩阵，用 VOSviewer 软件绘制学者合作关系网络，如彩图 4-9 所示。

我国农业表型领域主要可以分为 22 个合作群体。其中，学者数不少于 14 人的群体有 5 个，分别如下。

（1）由刘磊、李俊、李志勇、张浩、王娟、郭新宇等组成的中国农业科学院、新疆农垦科学院、北京农业信息技术研究中心合作群体。

（2）由王迪、李刚、陈士林、郭兰萍、黄璐琦等组成的淮阴师范学院、中国中医科学院合作群体。

（3）由王磊、张静、李加纳、李超、任小平等组成的新疆农业大学、河北农业大学、西南大学、中国水产科学研究院、中国农业科学院合作群体。

（4）由张细权、李加琪、张燕、张德祥、赵明辉等组成的华南农业大学、广东温氏南方家禽育种有限公司、沈阳农业大学合作群体。

（5）由盖钧镒、赵团结、贺建波、邢光南、王军辉、杨桂娟、李颖等组成的南京农业大学、中国林业科学院、东北林业大学合作群体。

四、学科竞争力

1. 学科竞争力分析

采用CNKI学科分类体系，对我国农业表型领域各学科的发文量、总被引频次进行统计分析，如彩图4-10、彩图4-11所示。

（1）农业表型领域研究涉及学科门类众多，研究相对聚焦。我国农业表型领域的研究共分布在57个学科类别中，研究涉及学科门类众多，学科交叉融合明显。其中，农作物学科以1 401篇的发文量排在首位，远远高于其他学科；园艺学科以662篇的发文量紧随其后；生物学以564篇的发文量排在第三位。另外，林业、畜牧与动物医学、植物保护、水产和渔业等学科的发文量均在100篇以上。这7个学科的发文量之和占全部发文量的近90%，可见，研究重点突出、相对聚焦。

（2）我国农业表型领域各学科的影响力差距悬殊，农作物学科的影响力最高。农作物学科的总被引频次排名第一，高达18 017次，远远超过其他学科；其次是生物学、园艺、林业等学科文献总被引频次分别为8 692次、6 836次、4 729次；再次是植物保护、农艺学、畜牧与动物医学及水产和渔业等学科，总被引频次均在1 000次以上。可见，各学科之间的影响力差距很大。

（3）农作物、生物学、园艺和林业等学科综合竞争力较高。农作物、生物学、园艺和林业等学科的发文量和总被引频次均排在农业表型领域前5位，表明这4个学科在我国农业表型领域的综合竞争力较高。另外，农艺学、水产和渔业、农业基础科学、计算机软件及计算机应用等学科的发文量和总被引频次均排在前10位，表明这些学科的综合竞争力相对较高。

2. 学科发文趋势分析

通过统计农业表型领域发文量大于50篇的9个学科类别的发文趋势情况，结果如彩图4-12所示。

（1）农作物、园艺、生物学、林业和畜牧与动物医学是我国农业表型领域研究的基础优势学科。农作物、生物学、林业和畜牧与动物医学等学科自1992年就开始开展农业表型领域的研究，园艺学于1994年开始农业表型领域的研究，这几个学科在农业表型领域相关研究较早，且保持持续性研究，相关研究发文量呈逐年上升的趋势。说明这些学科是农业表型领域基础研究的重点优势学科。

（2）我国农业表型领域呈现新兴学科融合发展态势。植物保护、水产和渔业、农业基础科学等学科在我国农业表型领域的研究起步较晚，都在 1998 年及以后。这些学科的发文量逐步增长且研究持续性状态呈现，逐步成为我国农业表型领域的新兴学科。

五、期刊竞争力

1. 期刊竞争力分析

以我国农业表型领域载文量大于等于 20 篇，同时总被引频次大于 400 次的 19 种核心期刊作为高竞争力期刊的研究对象，并对其载文量、总被引频次、篇均被引频次及影响因子进行统计分析，如表 4-3 所示。

表 4-3　我国农业表型领域高竞争力期刊列表

期刊	载文量（篇）	载文量排名	总被引频次（次）	总被引频次排名	篇均被引频次（次）	篇均被引频次排名	影响因子	影响因子排名
植物遗传资源学报	178	1	2 223	3	12.49	16	2.589	7
分子植物育种	174	2	680	11	3.91	19	1.097	19
作物学报	153	3	4 439	1	29.01	4	3.19	3
中国农业科学	148	4	3 118	2	21.07	6	3.191	2
园艺学报	67	5	1 350	4	20.15	7	1.812	13
西北植物学报	64	6	1 074	8	16.78	10	1.552	17
麦类作物学报	57	7	634	13	11.12	17	1.979	10
遗传	48	8	1 188	6	24.75	5	1.775	14
林业科学研究	48	8	903	9	18.81	9	1.668	16
中国水稻科学	46	10	669	12	14.54	14	2.685	6
华北农学报	42	11	452	19	10.76	18	1.854	12
林业科学	39	12	1 292	5	33.13	2	1.88	11
玉米科学	37	13	467	17	12.62	15	1.764	15
生态学报	36	14	1 077	7	29.92	3	4.733	1
草业学报	31	15	457	18	14.74	13	2.758	5
北京林业大学学报	31	15	509	15	16.42	11	1.984	9
东北林业大学学报	31	15	483	16	15.58	12	1.498	18
生态学杂志	26	18	520	14	20	8	2.997	4
植物生态学报	22	19	847	10	38.5	1	2.546	8

（1）各个核心期刊在我国农业表型领域的生产力、影响力和论文质量差距较大。TOP19 高竞争力核心期刊中关于农业表型的载文量最高达 178 篇，最低为 22 篇，差距

较大。《植物遗传资源学报》(178 篇)、《分子植物育种》(174 篇) 和《作物学报》(153 篇)是载文量最多的 3 种期刊，表明这 3 种期刊的生产力最高。

TOP19 高竞争力核心期刊中被引频次最高达 4 439 次，最低为 452 次，差距较大。《作物学报》(4 439 次)、《中国农业科学》(3 118 次) 和《植物遗传资源学报》(2 223 次) 的总被引频次排在前三位，表明这 3 种期刊在我国农业表型领域的影响力最高。

TOP19 高竞争力核心期刊中篇均被引频次最高达 38.5 次，最低为 3.91 次，差距较大。排在前三位的是《植物生态学报》(38.5 次)、《林业科学》(33.13 次)、《生态学报》(29.92 次)，表明这 3 种期刊在我国农业表型领域的论文质量最高。

TOP19 高竞争力核心期刊中影响因子最高达 4.733，最低为 1.097，影响因子差距较大。影响因子排在前三位的期刊是《生态学报》(4.733)、《中国农业科学》(3.191)、《作物学报》(3.19)。

(2)《作物学报》和《中国农业科学》是我国农业表型领域综合竞争力最高的核心期刊。综合四项指标来看，《作物学报》和《中国农业科学》两本期刊载文量、总被引频次、篇均被引频次和影响因子均排在前 10 位，综合竞争力最高；有 3 项指标排在前 10 位的期刊有：《植物遗传资源学报》《园艺学报》《西北植物学报》《遗传》《林业科学研究》《生态学报》《植物生态学报》，这些期刊在我国农业表型领域的综合竞争力相对较高。

2. 期刊载文态势分析

通过统计我国农业表型领域相关载文量大于等于 40 篇的 16 种高载文量核心期刊的年度载文变化情况，结果如彩图 4-13 所示。

(1) 各核心期刊关注农业表型领域相关研究的时间不同，《作物学报》《中国农业科学》《林业科学研究》和《遗传》等期刊最早关注农业表型领域。《作物学报》《中国农业科学》《林业科学研究》和《遗传》等期刊都于 1992 年开始关注农业表型领域，时间最早；《种子》和《华北农学报》于 1997 年开始关注农业表型领域的研究，时间较早；《麦类作物学报》《西北植物学报》等期刊也相继于 2004 年开始关注农业表型领域的研究；《热带作物学报》和《分子植物育种》等期刊均在 2012 年以后才开始关注对农业表型领域的研究，相对较晚。

(2) 各个核心期刊对农业表型领域关注持续性差别明显，《作物学报》《遗传》和《中国农业科学》等期刊对农业表型领域研究关注的持续时间较长。《作物学报》于 1992 年开始对农业表型领域进行了长达 22 年的持续性关注；《遗传》和《中国农业科学》也分别对农业表型领域进行 20 年和 18 年的持续性关注；《北方园艺》《西北植物学报》等期刊对农业表型领域研究的时间持续性均在 10 年以下，相对较短。

(3) 近年来，《分子植物育种》《植物遗传资源学报》《作物学报》《中国农业科学》等期刊在农业表型领域的载文量增长较快，《西北植物学报》在农业表型领域的载文量有所减少。《分子植物育种》从关注农业表型领域以来载文量总体呈上升趋势，并于 2021 年达到了最高的 50 篇，总体载文量较为稳定；而《植物遗传资源学报》《作物学报》《中国农业科学》《种子》和《热带作物学报》等期刊在农业表型领域载文量总体呈波动增长趋势，特别是《作物学报》期刊 2017 年以后载文量增速较快；《西北植物学报》不但对农业表型领域的关注较晚，而且近年来载文量也有所下降。

第三节　领域研究主题分析

一、研究主题

经过聚类分析，构建领域关键词聚类图，如彩图4-14所示。可见，我国农业表型领域的研究分为三大主题领域，分别为基因组学（蓝色）、表型组学（红色）、动植物育种和品种选择研究（绿色）。

1. 基因组学（蓝色）

对基因组学关键词进行统计分析，本主题主要针对农业表型基因组学研究，主要包括比较基因组学、功能基因组学、基因型、耐药基因、基因家族、性状、耐药性、生物学特性、耐药基因、高通量测序等。

2. 表型组学（红色）

对表型组学关键词进行统计分析，本主题主要针对农业表型组学研究，主要包括遗传多样性、表型可塑性、主成分分析、叶片性状、表型多样性、表型性状、果实表型性状、统计分析、花色表型、表型性状、表型特征、西瓜、辣椒、青海云杉、青稞、马铃薯、燕麦、茄子、果实等。

3. 动植物育种和品种选择研究（绿色）

对动植物育种和品种选择研究关键词进行统计分析，本主题主要针对农业表型动植物育种和品种选择研究，主要包括产量性状、候选基因、遗传分析、突变、分子标记辅助选择、关联分析、叶面积、品质性状、基因定位、小麦、水稻、玉米、大豆、斑马鱼、油菜、生育期、生长发育、纤维品质、耐盐性、耐旱性等。

二、研究热点及阶段性研究前沿

1. 研究热点分析

利用VOSviewer密度视图功能对我国农业表型领域的研究热点进行分析，如彩图4-15所示。在密度视图中，从冷色调（蓝色）到暖色调（红色）表示关键词共现的频次越来越高，即研究主题的热度越来越高。可见，"表型性状""水稻""玉米""小麦""表型可塑性""聚类分析""相关性分析""QTL定位""突变""遗传分析"等主题词是我国农业表型领域的热点研究方向。

2. 阶段性研究前沿分析

结合VOSviewer生成的关键词时区视图（定量地表示出不同研究热点的热度及其随时间变迁规律）和Cite Space生成的突现词列表（突现词是指短时间内使用频率骤增的关键词，可以表征研究前沿的发展趋势，突现词的突现值则表现了该词短时间内使用频率骤增的强度），如彩图 4-16、彩图 4-17 所示，可以得到如下结论。

（1）1992—2000 年突现词："藤本月季""酸枣""传粉者""关联作图""健康仔猪""质量性状""两性植株""中华蜜蜂""冬瓜""兰属""切根""pH""低温胁迫""加性""数量性状"等。在这一时期突现词较多，"藤本月季"的突现时间为 16 年，突现值为 7.11，突现值最高；"酸枣"的突现时间为 16 年，突现值为 6.02，突现值相对较高；"传粉者""关联作图""健康仔猪""质量性状""两性植株""中华蜜蜂""pH""低温胁迫""数量性状"等突现词的突现值均在 5 以上且年限较长。由此得出，我国农业表型领域开始受到广泛关注。

（2）2001—2010 年突现词："天然群体""SRAP""遗传转化""拟南芥"等。在这一阶段内突现词增加较少，"拟南芥"的突现时间较长，为 9 年，且积累的突现值为 9.06；"天然群体"的突现时间为 7 年，突现值为 12.31，突现值最高；"SRAP"和"遗传转化"的突现值分别为 4.37、4.33。由此得出，在研究时限范围内"拟南芥"和"天然群体"为我国农业表型领域的重要研究关键词。

（3）2011—2022 年突现词："变异""果实""干旱胁迫""长牡蛎""基因型""种源""遗传力""植物表型""穗部性状""云南松""SNP""玉米""番茄""产量""表型鉴定""谷子""深度学习"等。在这一阶段内突现词增加较多，"变异"的突现时间为 7 年，突现值为 8.53，突现值最高；"果实"的突现时间为 6 年，突现值为 6.25，突现值相对较高；"产量""玉米""表型鉴定""深度学习"的突现时间均为 3 年，突现值分别为 5.8、5.64、5.43、5.24；其余突现词的突现值均在 5 以下。由此得出，在研究时限范围内"变异""果实""产量""玉米""表型鉴定""深度学习"为我国农业表型领域的重要研究关键词。

第五章　全球植物工厂领域发展态势分析

第一节　数据来源

以植物工厂为研究对象，通过广泛阅读植物工厂领域的论文、专著等相关文献，梳理与植物工厂相关的中英文关键词，构建植物工厂领域的关键词集合。最后，选择 Web of Science 的 Sci-Expanded 数据库作为全球植物工厂领域发展态势分析的数据源，构建全球植物工厂领域的检索式如下：SU =（plant * or phyto plant based or vegetable or agriculture or farming）and（artificial light source or artificial light * or led or nutrient solution culture or hydroponic cultivation or soilless culture or soilless cultivation or soilless culture systems or Industrialized agricultural system or mass production or commercial production or factory product or industrialization or industrial seedling or factory breeding or vertical farming systems or closed seedling production system or hydroponic or hydropoonic lettuce or emitting diode irradiation），检索限定的时间范围是 1961—2021 年，检索日期为 2021 年 2 月 15 日，共获取 9 429 篇文献，经过人工判读，确定 1 332 篇文献作为最终的研究数据集。

第二节　领域科研竞争力分析

一、概况

1. 全球发文概况分析

全球植物工厂领域的研究始于 1961 年，并从 2011 年开始相关研究逐步增多，至今大体可以分为萌芽期、波动增长期、快速增长期三个发展阶段，目前已经到达快速增长阶段，如彩图 5-1 所示。

（1）第一阶段：萌芽期（1961—2010 年）。全球植物工厂领域的总发文量为 45 篇，平均每年约 1 篇。该时期研究成果较少，且呈现较为平稳状态，全球植物工厂领域研究初现萌芽，并开始缓慢发展。

（2）第二阶段：波动增长期（2011—2017 年）。全球植物工厂领域的总发文量为 592 篇，平均每年约 84 篇。该时期全球植物工厂领域的研究逐渐引起关注，研究成果呈现明显的增长状态，为后续的快速增长奠定了较好的基础。

（3）第三阶段：快速增长期（2018—2021 年）。全球植物工厂领域的总发文量为695 篇，平均每年约 174 篇。该时期植物工厂领域的研究已经得到重视，研究成果处于快速增长状态，但距离研究成熟阶段还有一定的增长空间。

2. 中国发文概况分析

中国在全球植物工厂领域的研究始于 2004 年，研究萌芽时间较晚；并从 2014 年开始相关研究逐步增多，至今大体可以分为萌芽期、稳步发展期、波动增长期三个发展阶段，目前已经到达波动增长阶段，如彩图 5-2 所示。

（1）第一阶段：萌芽期（2004—2013 年）。中国植物工厂领域的总发文量为 21 篇，平均每年约 2 篇。该时期研究成果非常少，且呈现小幅波动增长状态，中国植物工厂领域研究的萌芽初现并开始缓慢发展。

（2）第二阶段：稳步发展期（2014—2017 年）。中国植物工厂领域的总发文量为50 篇，平均每年约 12 篇。该时期，中国植物工厂领域的研究逐渐引起关注，研究成果缓慢增长，且保持平稳上升状态，为后续的快速增长奠定了良好基础。

（3）第三阶段：波动增长期（2018—2021 年）。中国植物工厂领域的总发文量为140 篇，平均每年 35 篇。该时期，中国植物工厂领域的研究成果增长速度加快，但目前距离研究成熟期还有一定的增长空间。

另外，对比彩图 5-1 和彩图 5-2 可以发现，中国在植物工厂领域的研究比国外晚了 44 年，起步较晚，但在经过 6 年的萌芽期与 4 年的稳步发展期后，几乎与全球同步进入快速增长期，且在 2020 年之后，中国植物工厂领域的研究对全球的发展走势产生了决定性的影响。

二、国家竞争力

1. 国家生产力分析

全球植物工厂领域的文献共分布在 75 个国家。以全球植物工厂领域发文量大于等于 23 篇的 20 个国家作为高生产力国家研究对象，对其总发文量、第一/通讯作者发文量占比情况进行统计分析，如彩图 5-3 所示。

（1）各国之间生产力差距悬殊。TOP20 高生产力国家中总发文量最高达 211 篇，最低为 23 篇，两者相差超 9 倍；第一/通讯作者发文量最高达 159 篇，最低为 8 篇，两者相差约 20 倍。可见，高生产力国家之间存在着很大差距。

（2）全球植物工厂研究全球分布聚焦，中国、美国、韩国和日本是重要产出国。中国以 211 篇的总发文量排在首位，领先于其他国家；美国以 174 篇的总发文量位居第二；韩国以 156 篇的总发文量排名第三；日本以 128 篇的总发文量紧随其后，排名第四。排名前四位的国家发文量之和占全球总发文量约 50%，排名前十位的国家发文量之和占全球总发文量约 76%，可见，全球植物工厂领域的研究分布相对聚焦。

（3）法国、希腊、波兰、瑞典、英国、日本和澳大利亚等国家在全球植物工厂领域中的自主研究能力较强。TOP20 高生产力国家的第一/通讯作者发文量占比大多超过

50%。其中，法国的第一/通讯作者发文量占比最高，为100%；其次，希腊、波兰、瑞典、英国、日本和澳大利亚的第一/通讯作者发文量占比均超过85%。可见，这些国家在全球植物工厂领域以本国自主研究或主持合作研究为主，自主研究能力较强。

2. 国家影响力分析

全球植物工厂领域共有67个国家的相关研究文献被引用。以全球植物工厂领域总被引频次大于等于200次的21个国家作为高影响力国家的研究对象，对其总被引频次情况进行统计分析，如彩图5-4所示。

（1）各国之间影响力差距悬殊。TOP21高影响力国家中总被引频次最高达1 887次，最低为202次，两者相差超9倍；第一/通讯作者总被引频次最高达1 301次，最低为67次，两者相差超19倍。可见，同生产力一样，高影响力国家之间也存在很大差距。

（2）中国、美国、韩国等国家在全球植物工厂领域的影响力远高于其他国家。中国以1 887次的总被引频次、1 301次的第一/通讯作者总被引频次稳居首位；美国以1 550次的总被引频次、1 222次的第一/通讯作者总被引频次位居第二；韩国以1 245次的总被引频次、1 022次的第一/通讯作者总被引频次位居第三位。排名前三的三个国家总被引频次与第一/通讯作者总被引频次均远远高于其他国家。可见，中国、美国和韩国在全球植物工厂领域的研究成果拥有很高的影响力。

（3）法国、希腊、波兰和瑞典在全球植物工厂领域自主研究能力较强。TOP21高影响力国家的第一/通讯作者总被引频次占比大多超过50%。其中，法国的第一/通讯作者总被引频次占比最高，为100%；其次是希腊，第一/通讯作者总被引频次占比为97.71%；此外，波兰和瑞典的第一/通讯作者总被引频次占比均超过90%。说明这些国家在研究中以本国自主研究或主持合作研究为主，自主研究能力较强。

3. 国家论文质量分析

以植物工厂领域发文量大于等于20篇，同时总被引频次大于200次的18个国家作为高竞争力国家的研究对象，对其篇均被引频次、第一/通讯作者篇均被引频次进行统计分析，如彩图5-5所示。

（1）高竞争力国家的论文质量差异较大。TOP18高竞争力国家中，论文篇均被引频次、第一/通讯作者篇均被引频次最高的分别为22.69次和22.69次，最低的仅为6.24次和5.55次。可见，高竞争力国家单篇成果的质量具有明显的差距。

（2）法国、澳大利亚、荷兰和英国等国家在全球植物工厂领域的论文质量远超其他国家。法国的篇均被引频次和第一/通讯作者篇均被引频次均排在第一位，都为22.69次，说明其在植物工厂领域的整体论文质量和第一/通讯作者的论文质量均最高；澳大利亚以20.58次的篇均被引频次和24.65次的第一/通讯作者篇均被引频次位居第二；此外，荷兰和英国的篇均被引频次、第一/通讯作者篇均被引频次也均高于16次以上。可见，法国、澳大利亚、荷兰和英国的论文质量均较高。

（3）中国在全球植物工厂领域论文质量相对较低。中国在全球植物工厂领域的总发文量和第一/通讯作者发文量均远高于其他国家，但论文篇均被引频次和第一/通讯作者篇均被引频次分别为8.94次和8.18次，仅排名第12。可见，中国在全球植物工厂领域的文献质量相对较低，有待提升。

4. 国家发文态势分析

以全球植物工厂领域发文量大于30篇的16个国家作为研究对象，对其发文态势情况进行对比分析，如彩图5-6所示。

（1）各个国家在全球植物工厂领域研究的起步时间差别较大，日本、加拿大和英国起步较早。日本于1982年开始植物工厂领域的研究，起步最早；加拿大于1983年开始植物工厂领域的研究，英国于1986年开始植物工厂领域的研究，起步相对较早；澳大利亚、美国、印度分别于1991年、1993年、1994年开始植物工厂领域的研究；荷兰和伊朗分别于2000年、2002年开始植物工厂领域的研究；中国和韩国于2004年开始植物工厂领域的研究；西班牙于2007年开始植物工厂领域的研究；巴西、意大利、波兰、德国和希腊等国家于2011年才开始植物工厂领域的研究，起步较晚。

（2）各个国家在全球植物工厂领域研究的时间持续性差异较大，日本和加拿大相关研究的持续时间最久。日本从1982年开始对植物工厂领域进行了长达40年的间歇性研究；加拿大、英国、澳大利亚、美国、印度分别于1983年、1986年、1991年、1993年、1994年开始对植物工厂领域进行了28~40年的持续性研究；其他国家在植物工厂领域研究的时间持续性均在25年以下。

（3）大多国家在植物工厂领域的论文产出呈现波动增长态势，近年来中国发文量全球最高。近年来，中国、美国、韩国、日本、巴西等国家在植物工厂领域的发文量呈波动增长趋势；英国、伊朗等国家在植物工厂领域的发文量呈波动下降趋势。其中，中国在植物工厂领域的发文量从2018年开始一直稳居全球第一，总发文量也是位居首位，遥遥领先于其他国家；此外，美国、韩国、日本年发文量已突破100篇，发展势头强劲。

5. 国家合作分析

以全球植物工厂领域有合作关系的75个国家作为研究对象，以国家合作频次为指标，构建国家合作关系矩阵；并根据该矩阵，用VOSviewer软件绘制国家合作关系网络，如彩图5-7所示。

可见，全球植物工厂领域共形成了5个国家学术合作群体。

（1）以中国、波兰和土耳其为核心的学术合作群体，包括丹麦、希腊、俄罗斯、以色列、匈牙利、芬兰等国家，这些国家主要集中在亚洲、欧洲等地区。

（2）以美国、日本为核心的学术合作群体，包括伊朗、孟加拉国、南非、保加利亚等国家，这些国家主要集中在北美洲、亚洲、非洲、欧洲等地区。

（3）以韩国、印度为核心的学术合作群体，包括阿富汗、越南、沙特阿拉伯、比利时、埃及等国家，这些国家主要集中在亚洲、欧洲、非洲等地区。

（4）以德国、澳大利亚、英国为核心的学术合作群体，包括泰国、新加坡、荷兰、瑞士、马来西亚、瑞典等国家，这些国家主要集中在欧洲、大洋洲、亚洲等地区。

（5）以巴西、意大利、西班牙为核心的学术合作群体，包括葡萄牙、缅甸、法国、智利、墨西哥等国家，这些国家主要集中在南美洲、欧洲、东南亚、北美洲等地区。

同时，中国与其他国家在植物工厂领域开展了广泛合作，在植物工厂领域已经形成足够的国际影响力，以中国为核心的学术合作群体已经初具规模。

三、机构竞争力

1. 机构生产力分析

以全球植物工厂领域发文量大于 11 篇的 21 个机构作为高生产力机构的研究对象，对其总发文量、第一/通讯作者发文量及其占比情况进行统计分析，如彩图 5-8 所示。

（1）各机构之间生产力差距较大。TOP21 高生产力机构中总发文量最高达 32 篇，最低为 11 篇，两者相差近 3 倍；第一/通讯作者发文量最高达 25 篇，最低为 1 篇，两者相差 25 倍。可见，高生产力机构之间存在较大差距。

（2）首尔大学、中国农业科学院、忠北大学、千叶大学和中国科学院是全球植物工厂领域论文的重要产出机构。首尔大学以 32 篇的总发文量和 25 篇的第一/通讯作者发文量排在首位；中国农业科学院以 29 篇总发文量排在第二位，以 6 篇的第一/通讯作者发文量排在第 18 位；忠北大学紧随其后，分别以 25 篇的总发文量、15 篇的第一/通讯作者发文量位居第三位；另外，千叶大学和中国科学院的总发文量均在 20 篇以上。可见，这些机构也是全球植物工厂领域论文的重要产出机构。同时，克拉科夫农业大学、普渡大学、伊斯法罕科技大学、中国农业大学、奥胡斯大学、佛罗里达大学、济州大学等机构的第一/通讯作者发文量均在 10 篇以上。

（3）中国高生产力机构数量较多。将高生产力机构按照所属国家进行分类统计发现，如彩图 5-9 所示，这 21 个高生产力机构分别隶属于 10 个国家，拥有高生产力机构最多的国家为中国（5 家）和韩国（5 家），其次为美国（3 家）和日本（2 家）。中国进入该领域高生产力机构行列的有中国农业大学、华南农业大学、南京农业大学、中国科学院和中国农业科学院。

（4）中国机构在全球植物工厂领域的自主研究能力较弱。TOP21 高生产力机构中的 5 家中国机构只有中国农业大学和华南农业大学的第一/通讯作者发文量占比超过 50%，分别为 55.55% 和 50%。可见，中国这些机构的自主研究能力在全球植物工厂领域较弱。

2. 机构影响力分析

以全球植物工厂领域论文总被引频次大于 100 次的 17 个机构作为高影响力机构的研究对象，对其被引频次、第一/通讯作者被引频次及其占比情况进行统计分析，如彩图 5-10 所示。

（1）各机构之间影响力差距较大。TOP17 高影响力机构中总被引频次最高达 413 次，最低为 106 次，两者相差约 4 倍；第一/通讯作者被引频次最高达 286 次，最低为 3 次，两者相差约 95 倍。可见，同生产力一样，高影响力机构之间也存在很大差距。

（2）中国科学院、伊斯法罕科技大学、忠北大学在全球植物工厂领域的影响力远超其他机构。中国科学院以 413 次的总被引频次排在首位，以 73 次的第一/通讯作者被引频次排在第十位；伊斯法罕科技大学以 287 次的总被引频次位居第二，以 286 次的第一/通讯作者被引频次位居第一位；忠北大学以271次的总被引频次、200次的第一/通讯作者被引频次均排名第三。可见，这三家机构的影响力远超其他机构。另外，首尔大学、庆尚大学和东京大学的总被引频次均在200次以上。可见，这些机构在全球植物工厂领域的研究成果也拥有很高的影响力。

（3）克拉科夫农业大学、伊斯法罕科技大学、首尔大学在全球植物工厂领域自主研究能力较强。克拉科夫农业大学的第一/通讯作者被引频次占比最高，为100%；其次是伊斯法罕科技大学第一/通讯作者被引频次占比为99.65%，排名第二；首尔大学第一/通讯作者被引频次占比为90.79%，排名第三。可见，这些机构在研究中以本机构自主研究或主持合作研究为主，自主研究能力较强。此外，奥胡斯大学和千叶大学的第一/通讯作者被引频次占比均超过80%，也具有较强的自主研究能力。

（4）中国、韩国高影响力机构最多。将高影响力机构按照所属国家进行分类统计发现，如彩图5-11所示，这17个高影响力机构分别隶属于10个国家，拥有高影响力机构最多的国家为中国（4家）和韩国（4家），其次是日本（2家）。中国进入该领域高影响力机构行列的有中国科学院、南京农业大学、中国农业科学院和华南农业大学。

3. 机构论文质量分析

以全球植物工厂领域发文量大于等于11篇，同时总被引频次高于100次的15个机构作为高竞争力机构的研究对象，对其篇均被引频次、第一/通讯作者篇均被引频次及所属国家分布情况进行统计分析，如彩图5-12所示。

（1）高竞争力机构的论文质量差异较大。TOP15高竞争力机构中，论文篇均被引频次、第一/通讯作者篇均被引频次最高的分别为23.91次和27.33次，最低的仅为4.24次和2.16次。可见，高竞争力机构之间单篇成果的质量具有明显的差距。

（2）伊斯法罕科技大学、庆尚大学、中国科学院在全球植物工厂领域的论文质量较高。伊斯法罕科技大学以23.91次的篇均被引频次排在第一，以26次的第一/通讯作者篇均被引频次排在第二位；庆尚大学以21.18次的篇均被引频次排在第二位，以11.85次的第一/通讯作者篇均被引频次排名第七；中国科学院以19.66次的篇均被引频次排名第三，以9.12次的第一/通讯作者篇均被引频次排名第十。可见，这三家机构论文质量较高。此外，根特大学、东京大学、南京农业大学、奥胡斯大学等机构第一/通讯作者篇均被引频次均在15次以上。

（3）韩国、中国进入高影响力行列的机构数量较多。将高竞争力机构按照所属国家进行分类统计，如彩图5-13所示，这15个高影响力机构分别隶属于9个国家，拥有高影响力机构最多的国家为韩国（4家），其次是中国（3家）和日本（2家）。中国进入该领域高影响力机构行列的有中国科学院、南京农业大学和中国农业科学院。

（4）中国机构在全球植物工厂领域的论文质量相对不高。在中国机构中，只有南京农业大学的篇均被引频次和第一/通讯作者篇均被引频次均达到10次以上，在高竞争力机构中的论文质量水平处于中等地位；中国科学院的篇均被引频次较高，为19.66次，而第一/通讯作者篇均被引频次则低于10次以下；中国农业科学院的篇均被引频次和第一/通讯作者篇均被引频次均较低。总体来看，中国机构在全球植物工厂领域的论文质量相对不高。

4. 机构发文态势分析

以全球植物工厂领域发文量大于 10 篇的 21 个机构作为研究对象，对其发文态势情况进行对比分析，如彩图 5-14 所示。

（1）各机构在植物工厂领域研究的起步时间差别较大。东京大学于 1995 年开始植物工厂领域的研究，起步最早；其次是中国科学院于 2004 年开始植物工厂领域的研究，佛罗里达大学于 2005 年开始植物工厂领域的研究，起步较早。中国农业科学院和中国农业大学均于 2008 年开始植物工厂领域的研究。

（2）各个机构在植物工厂领域研究的时间持续性差异较大，中国农业科学院和中国科学院相关研究的持续时间最久。中国科学院和中国农业科学院分别于 2004 年和 2008 年开始对植物工厂领域进行长达 17 年和 13 年的间歇性研究，持续时间最久；首尔大学于 2011 年开始对植物工厂领域进行了长达 10 年的持续性研究。

（3）大多数机构在全球植物工厂领域的论文产出波动增长。近年来，中国农业科学院、忠北大学、千叶大学、中国科学院、克拉科夫农业大学、根特大学等机构在全球植物工厂领域的论文产出波动增长；其中，首尔大学近年来基本保持在每年 5 篇左右，无论是总发文量还是年均发文量均位居全球第一位。

5. 机构合作分析

以全球植物工厂领域发文量大于 5 篇的 57 个机构作为研究对象，以机构之间合作频次为指标，构建机构合作关系矩阵；并根据该矩阵，用 VOSviewer 软件绘制机构合作关系网络，如彩图 5-15 所示。

机构之间在全球植物工厂领域合作密切，合作关系网络整体可以分为五大学术合作群体。

（1）以中国农业科学院为核心的学术合作群体，包括伊斯法罕理工大学、亚利桑那大学、博洛尼亚大学、亚里士多德大学、浙江大学、瓦格宁根大学等机构，是中国、伊朗、美国、意大利、希腊、荷兰等国家的国际学术合作群体。

（2）以中国科学院和千叶大学为核心的学术合作群体，包括湖南农业大学、代尔夫特大学、东京大学、筑波大学等机构，是中国、日本、荷兰等国家的学术合作群体。

（3）以首尔大学为核心的学术合作群体，包括忠北大学、忠南大学、济州大学、根特大学、瑞典农业大学等机构，是日本、荷兰、瑞典等国的学术合作群体。

（4）以中国农业大学为核心的学术合作群体，包括华南农业大学、佛罗里达大学、爱荷华州立大学、普渡大学、俄亥俄州立大学等机构，是中国、美国的学术合作群体。

（5）以南京农业大学为核心的学术合作群体，包括福建农林大学、雅典农业大学、色萨利大学、奥尔胡斯大学、加拿大农业及农业食品部等机构，是中国、希腊、丹麦、加拿大等国的学术合作群体。

中国与其他国家在全球植物工厂领域开展了广泛合作，已经形成足够的国际影响力。

四、学者竞争力

1. 学者生产力分析

以全球植物工厂领域发文量大于 6 篇的 20 位学者为高生产力学者的研究对象，对其发文量、第一/通讯作者发文量及占比、所属机构和国家分布情况进行统计分析，如表 5-1 所示。

表 5-1　全球植物工厂领域高生产力学者列表

学者	总发文量（篇）	第一/通讯作者发文量（篇）	第一/通讯作者发文量占比（%）	机构	国家
Oh Myung-Min	21	0	0	忠北大学	韩国
Son Jung Eek	20	0	0	首尔大学	韩国
Yang Qichang	11	0	0	中国农业科学院	中国
Gianquinto Giorgio	11	0	0	博洛尼亚大学	意大利
Orsini Francesco	10	1	10	博洛尼亚大学	意大利
Cho Young Yeol	10	2	20	济州大学	韩国
Zha Lingyan	9	2	22.22	中国农业科学院	中国
Park Kyoung Sub	9	3	33.33	园艺与本草科技研究所	韩国
Lu Na	9	2	22.22	千叶大学	日本
Lee Yong-Beom	9	0	0	首尔大学	韩国
Takagaki Michiko	8	0	0	千叶大学	日本
Son Ki-Ho	8	4	50	忠北大学	韩国
Savvas Dimttrios	8	1	12.50	雅典农业大学	希腊
Liu Wenke	8	2	25	中国农业科学院	中国
He Dongxian	8	1	12.50	中国农业大学	中国
Yamort Wataru	7	0	0	千叶大学	日本
Pennist Giuseppina	7	4	57.14	博洛尼亚大学	意大利
Maboko Marttn Makgose	7	4	57.14	南非农业研究理事会	南非
Liu Hong	7	1	14.28	北京航空航天大学	中国
Jeong Byoung Ryong	7	0	0	庆尚大学	韩国

（1）韩国拥有最多的高生产力学者。20 位高生产力学者分别隶属于 6 个国家、12 个机构。其中，国家主要分布于韩国（7 位）、中国（5 位）、日本（2 位）和意大利（2 位）等；机构主要分布于中国农业科学院（3 位）、博洛泥亚大学（3 位）、千叶大

学（3 位）、忠北大学（2 位）和首尔大学（2 位）等。

（2）各学者之间生产力差距明显，Oh Myung-Min 的生产力最高。TOP20 高生产力学者中发文量在 10 篇以上的学者共有 4 位。其中，总发文量最高的学者为 OH Myung-Min，达到了 21 篇；其次是 Son Jung Eek，发文为 20 篇；发文量最低的为 7 篇。可见，高生产力学者之间存在明显差距。

（3）Pennist Giuseppina、Maboko Marttn Makgose 和 Son Ki-Ho 等学者在全球植物工厂领域的自主研究能力较强。TOP20 高生产力学者中仅有 3 位学者的第一/通讯作者发文量占比超过 50%。其中，Pennist Giuseppina 和 Maboko Marttn Makgose 的第一/通讯作者发文量占比均为 57.14%；其次，Son Ki-Ho 的第一/通讯作者发文量占比为 50%。可见，这 3 位学者在全球植物工厂领域中自主研究能力较强。而其他作者的第一/通讯作者发文量占比均低于 40%。

2. 学者影响力分析

以全球植物工厂领域总被引频次大于等于 100 次的 18 位学者作为高影响力学者研究对象，对其被引频次、第一/通讯作者被引频次及其占比情况、所属机构和国家分布情况进行统计分析，如表 5-2 所示。

表 5-2　全球植物工厂领域高影响力学者列表

学者	总被引频次（次）	第一/通讯作者被引频次（次）	第一/通讯作者被引频次占比（%）	机构	国家
Ouzounis Theoharis	230	95	41.30	瓦格宁根大学	荷兰
Park Jin Hee	226	226	100	澳大利亚大学	澳大利亚
Liu Hong	222	11	4.95	北京航空航天大学	中国
Gaston Kevin J	198	62	31.31	埃克塞特大学	英国
Sabzalian Mohammad R	193	58	30.05	伊斯法罕理工大学	伊朗
Son Ki-Ho	184	170	92.39	忠北大学	韩国
Kozai Toyoki	171	119	69.59	日本植物工厂协会	日本
Darko Eva	152	134	88.15	匈牙利科学院	匈牙利
Bantis Filippos	136	136	100	塞萨洛尼基亚里士多德大学	希腊
Wright Mark	126	126	100	爱荷华州立大学	美国
Huang B	123	123	100	中国科学院	中国
Bennie Jonathan	121	121	100	埃克塞特大学	英国
Orsini Francesco	120	2	1.66	博洛尼亚大学	意大利
Knop Eva	119	118	99.15	伯尔尼大学	瑞士

（续表）

学者	总被引 频次 （次）	第一/通讯 作者被引 频次 （次）	第一/通讯 作者被引 频次占比 （%）	机构	国家
Woller Jakob G	118	118	100	查尔姆斯理工大学	瑞典
Zhou Zhi	117	101	86.32	湖南农业大学	中国
Xia Mao	117	10	8.54	湖南农业大学	中国
Zhong Yuan	117	6	5.12	湖南农业大学	中国

（1）中国拥有的高影响力学者最多。18位高影响力学者分别隶属于12个国家、15个机构。其中，国家主要分布于中国（5位）、英国（2位）、美国（1位）、荷兰（1位）、日本（1位）等；机构主要分布于湖南农业大学（3位）、埃克塞特大学（2位）、瓦格宁根大学（1位）、中国科学院（1位）、博洛尼亚大学（1位）等。

（2）各学者之间影响力差距较大，Ouzounis Theoharis的影响力最高。TOP18高影响力学者中总被引频次在200次以上的共有3位。其中，总被引频次最高的学者为Ouzounis Theoharis，达到了230次；其次是Park Jin Hee和Liu Hong，总被引频次分别达到了226次和222次；同时，Gaston Kevin J、Sabzalian Mohammad R、Son Ki-Ho、Kozai Toyoki、Darko Eva等学者的总被引频次均在150次以上。可见，这些学者在全球植物工厂领域的研究成果拥有较高的影响力。

（3）Park Jin Hee、Bantis Filippos、Wright Mark、Huang B、Bennie Jonathan和Woller Jakob G等学者在全球植物工厂领域自主研究能力较强。TOP18高影响力学者中，有10位学者的第一/通讯作者总被引频次占比超过80%。其中，Park Jin Hee、Bantis Filippos、Wright Mark、Huang B、Bennie Jonathan和Woller Jakob G的第一/通讯作者总被引频次占比最高，同为100%；其次是Son Ki-Ho和Knop Eva的第一/通讯作者总被引频次占比分别为92.39%和99.15%；另外，Darko Eva和Zhou Zhi的第一/通讯作者总被引频次占比分别为88.15%和86.32%。可见，这些学者在全球植物工厂领域以自主研究或主持合作研究为主，自主研究能力较强。

3. 学者论文质量分析

以全球植物工厂领域发文量大于等于5篇，同时总被引频次大于100次的16位学者作为高竞争力学者的研究对象，并对其篇均被引频次、第一/通讯作者篇均被引频次进行统计分析，如彩图5-16所示。

（1）中国拥有最多的高竞争力学者。15位高竞争力学者分别隶属于8个国家、12个机构。其中，国家主要分布于中国（4位）、韩国（4位）、日本（2位）和意大利（2位）等；机构主要分布于湖南农业大学（3位）、忠北大学（2位）、博洛尼亚大学（2位）、澳大利亚大学（1位）、北京航空航天大学（1位）、瓦格宁根大学（1位）等。

（2）高竞争力学者之间自主研究能力差距很大。全球植物工厂领域学者平均篇均被引频次为 9.01 次，TOP16 高竞争力学者中，Zhou Zhi 的第一/通讯作者篇均被引频次最高，为 50.5 次；其次是 Park Jin Hee，第一/通讯作者篇均被引频次为 45.2 次，排名第二；同时，有 8 位学者的第一/通讯作者篇均被引频次低于全球平均值，其中 6 位的第一/通讯作者篇均被引频次为 0 次。可见，高竞争力学者之间自主研究能力差距很大。

（3）Park Jin Hee、Kozai Toyoki、Zhou Zhi、Son Ki-Ho 和 Roosta Hamid R 等学者在全球植物工厂领域的论文质量很高。高竞争力学者中，Park Jin Hee、Kozai Toyoki、Zhou Zhi、Son Ki-Ho 和 Roosta Hamid R 的篇均被引频次和第一/通讯作者篇均被引频次均高于 20 次，说明这 5 位学者在全球植物工厂领域的整体论文质量和第一/通讯作者论文质量均较高；Liu Hong、Stanghellini Cecilia、Jeong Byoung Ryong、Zhong Yuan 和 Xia Mao 等 5 位学者的篇均被引频次均高于 20 次，但第一/通讯作者篇均被引频次相对较低；此外，Savvas Dimitrios 的第一/通讯作者篇均被引频次明显高于篇均被引频次。

4. 学者发文态势分析

以全球植物工厂领域发文量大于 6 篇的 20 个学者作为研究对象，对其发文态势情况进行对比分析，如彩图 5-17 所示。

（1）各个学者在植物工厂领域研究的起步时间差别较大。Lee Yong-Beom 于 2004 年最早开始植物工厂领域的研究，起步最早；Yang Qichang、He Dongxian 紧随其后于 2008 年开始相关研究，起步较早；此外，Cho Young Yeol、Son Jung Eek、Park Kyoung Sub、Liu Wenke、Yamori Wataru 等 13 位学者均在 2015 年以前开展了相关研究。可见，各学者在植物工厂领域研究的起步时间差别较大。

（2）近年来，各高生产力学者在全球植物工厂领域的论文产出趋势各不相同。OH Myung-Min、Gianquinto Giorgio、Yang Qichan 等学者在植物工厂领域的论文产出波动增长。其中，OH Myung-Min 近年来保持在每年 3 篇左右，总发文量逐年稳步提升。Cho Young Yeol、Park Kyoung Sub、Lee Yong-Beom、Maboko Marttn Makgose 等学者近年来在全球植物工厂领域的论文产出呈逐渐减少的趋势。

5. 学者合作分析

以全球植物工厂领域发文量大于 5 篇的 48 位学者为研究对象，以学者之间合作频次为指标，构建学者合作关系矩阵；并根据该矩阵，用 VOSviewer 软件绘制学者合作关系网络，如彩图 5-18 所示。

全球植物工厂领域合作关系网络主要可以分为 8 个合作群体。其中，学者数不少于 5 人的群体有 5 个，分别如下。

（1）以 Kubota Chieri、Hernandez Ricardo、Kim Hye-Ji 等为核心的美国亚利桑那大学、普渡大学、北卡罗来纳大学合作群体。

（2）以 Oh Myung-Min、Son Ki-Ho、Han Chung-Su、Park Song-Yi 等为核心的韩国忠北大学合作群体。

（3）以 Lee Yong-Beom、Yeo Kyung-Hwan、Choi Ki-Young、Cho Young Yeol 等为核心的韩国首尔大学、江原大学、济州大学合作群体。

（4）以 Chun Changhoo、Park Seon Woo、Kwack Yurina 等为核心的韩国首尔大学合作群体。

（5）以 Lee Jun Gu、Lee Sang Gyu、Choi Chang Sun 等为核心的韩国全北大学合作群体。

五、学科竞争力

1. 学科竞争力分析

采用 Web of Science 学科分类体系，对全球植物工厂领域各学科的发文量、总被引频次进行统计分析，如彩图 5-19、彩图 5-20 所示。

（1）全球植物工厂领域研究涉及学科门类众多，研究相对聚焦。全球植物工厂领域的研究共分布在 70 个学科类别中，涉及学科门类众多，学科交叉融合明显。其中，农业以 601 篇的发文量排在首位，远远高于其他学科；植物科学、环境科学与生态分别以 259 篇、243 篇的发文量紧随其后；另外，工程学、科技-其他主题、化学、食品科学与技术等学科的发文量均在 50 篇以上。这 7 个学科的发文量之和占全部发文量近 80%，可见，研究重点突出、相对聚焦。

（2）全球植物工厂领域各学科的影响力差距悬殊，农业的影响力最高。在 70 个学科中，农业学科的总被引频次排名第一，高达 5 053 次，远远超过其他学科；其次是环境科学与生态、植物科学、工程等学科的相关文献总被引频次均在 1 000 次以上；再次是化学、生物技术与应用微生物学、科技-其他主题、食品科学与技术、生物化学与分子生物学、水资源等学科，总被引频次均在 500 次以上。可见，各学科之间的影响力差距很大。

（3）农业、植物科学、环境科学与生态、工程等学科综合竞争力相对较高。农业、植物科学、环境科学与生态、工程等学科的发文量和总被引频次均排在植物工厂领域前 4 位。可见，这 4 个学科在全球植物工厂领域的综合竞争力很高。另外，化学、生物技术与应用微生物学、科技-其他主题、食品科学与技术、生物化学与分子生物学、水资源的发文量和总被引频次均排在前 10 位，这些学科也具有较高的综合竞争力。

2. 学科发文趋势分析

通过统计在全球植物工厂领域发文量大于 20 篇的 13 个学科类别的发文趋势情况，结果如彩图 5-21 所示。

（1）农业、植物科学是全球植物工厂领域研究的基础优势学科。农业、植物科学学科自 1986 年就开始开展植物工厂研究，且大多时间保持持续性研究，相关研究发文量呈逐年上升的趋势。说明这两门学科是全球植物工厂领域基础研究的重点优势学科。

（2）全球植物工厂领域呈现新兴学科融合发展态势。化学、食品科学与技术、水资源、能源与燃料等学科在全球植物工厂领域的研究起步较晚，均在 2000 年以后。近年来，这些学科的发文量逐步增长且呈现持续性研究状态，逐步成为全球植物工厂领域的新兴学科。

六、期刊竞争力

1. 期刊竞争力分析

以全球植物工厂领域载文量大于等于 10 篇，同时总被引频次大于等于 50 次的 20 种期刊作为高竞争力期刊的研究对象，并对其载文量、总被引频次、篇均被引频次及影响因子进行统计分析，如表 5-3 所示。

表 5-3　全球植物工厂领域高竞争力期刊列表

期刊	载文量（篇）	载文量排名	总被引频次（次）	总被引频次排名	篇均被引频次（次）	篇均被引频次排名	影响因子	影响因子排名
HORTSCIENCE	72	1	415	2	5.76	14	1.102	17
SCIENTIA HORTICULTU-RAE	61	2	1 054	1	17.27	1	2.769	9
AGRONOMY-BASEL	51	3	93	13	1.82	20	2.603	11
HORTICULTURE ENVI-RONMENT AND BIOTE-CHNOLOGY	42	4	395	3	9.4	7	1.585	14
JOURNAL OF PLANT NU-TRITION	37	5	169	8	4.56	17	1.132	16
FRONTIERS IN PLANT SCIENCE	31	6	281	4	9.06	8	4.402	3
SUSTAINABILITY	25	7	56	19	2.24	19	2.576	12
SCIENCE OF THE TOTAL ENVIRONMENT	18	8	221	5	12.27	3	6.551	2
ENVIRONMENTAL SCI-ENCE AND POLLUTION RESEARCH	17	9	176	7	10.35	6	3.056	8
AGRICULTURAL WAT-ER MANAGEMENT	15	10	190	6	12.66	2	4.021	4
JOURNAL OF CLEANER PRODUCTION	15	10	101	12	6.73	11	7.246	1
KOREAN URNAL OF HO-RTICULTURAL SCIENCE & TECHNOLOGY	15	10	76	15	5.06	15	0.589	19
HORTICULTURA BRASIL-EIRA	15	10	57	18	3.8	18	0.523	20
COMPUTERS AND ELEC-TRONICS IN AGRICUL-TURE	13	11	152	9	11.69	4	3.858	6

（续表）

期刊	载文量（篇）	载文量排名	总被引频次（次）	总被引频次排名	篇均被引频次（次）	篇均被引频次排名	影响因子	影响因子排名
JOURNAL OF THE SCIENCE OF FOOD AND AGRICULTURE	12	12	107	11	8.91	9	2.614	10
SENSORS	12	12	85	14	7.08	10	3.275	7
EUROPEAN JOURNAL OF HORTICULTURAL SCIENCE	11	13	71	16	6.45	12	1.182	15
INTERNATIONAL JOURNAL OF PHYTOREMEDIATION	11	13	64	17	5.81	13	2.528	13
SCIENTIFIC REPORTS	10	14	110	10	11	5	3.998	5
HORTTECHNOLOGY	10	14	50	20	5	16	0.668	18

（1）各个期刊在全球植物工厂领域的生产力、影响力和论文质量差距较大。TOP20高竞争力期刊中关于植物工厂的载文量最高达72篇，最低为10篇，相差近7倍。其中，《HORTSCIENCE》（72篇）、《SCIENTIA HORTICULTURAE》（61篇）和《AGRONOMY-BASEL》（51篇）是载文量最多的3种期刊，表明这3种期刊与植物工厂研究的相关性较高。

TOP20高竞争力期刊中被引频次最高达1 054次，最低为50次，相差近21倍。其中，《SCIENTIA HORTICULTURAE》（1 054次）、《HORTSCIENCE》（415次）和《HORTICULTURE ENVIRONMENT AND BIOTECHNOLOGY》（395次）的总被引频次排在前三位，表明这3种期刊在全球植物工厂领域研究的影响力最高。

TOP20高竞争力期刊中篇均被引频次最高达17.27次，最低为1.82次，相差超9倍。排在前三位的是《SCIENTIA HORTICULTURAE》（17.27次）、《AGRICULTURAL WATER MANAGEMENT》（12.66次）、《SCIENCE OF THE TOTAL ENVIRONMENT》（12.27次），表明这3种期刊在全球植物工厂领域的论文质量较高。

TOP20高竞争力期刊中影响因子最高达7.246，最低为0.523，影响因子差距较大。影响因子排在前三位的期刊是《JOURNAL OF CLEANER PRODUCTION》（7.246）、《SCIENCE OF THE TOTAL ENVIRONMENT》（6.551）、《FRONTIERS IN PLANT SCIENCE》（4.402）。

（2）《SCIENTIA HORTICULTURAE》《FRONTIERS IN PLANT SCIENCE》和《SCIENCE OF THE TOTAL ENVIRONMENT》《ENVIRONMENTAL SCIENCE AND POLLUTION RESEARCH》和《AGRICULTURAL WATER MANAGEMENT》是全球植物工厂领域综合竞争力最高的期刊。综合四项指标来看，期刊载文量、总被引频次、篇均被引频次和影响因子均排在前10位的有《SCIENTIA HORTICULTURAE》《FRONTIERS IN PLANT

SCIENCE》《SCIENCE OF THE TOTAL ENVIRONMENT》《ENVIRONMENTAL SCIENCE AND POLLUTION RESEARCH》 和 《AGRICULTURAL WATER MANAGEMENT》，表明这些刊物是全球植物工厂领域综合竞争力最高的期刊；有 3 项指标排在前 10 位的期刊有：《HORTICULTURE ENVIRONMENT AND BIOTECHNOLOGY》《COMPUTERS AND ELEC-TRONICS IN AGRICULTURE》《SCIENTIFIC REPORTS》，说明这些期刊在全球植物工厂领域的综合竞争力相对较高。

2. 期刊载文态势分析

通过统计全球植物工厂领域相关载文量大于等于 15 篇的 15 种高载文量期刊的年度载文变化情况，结果如彩图 5-22 所示。

（1）各期刊关注植物工厂领域相关研究的时间不同，《HORTSCIENCE》 期刊最早。《HORTSCIENCE》 期刊于 2004 年开始关注植物工厂领域，起步最早；《KOREAN JOUR-NAL OF HORTICULTURAL SCIENCE & TECHNOLOGY》《SCIENTIA HORTICULTURAE》《HORTICULTURE ENVIRONMENT AND BIOTECHNOLOGY》《SCIENCE OF THE TOTAL ENVIRONMENT》《AGRICULTURAL WATER MANAGEMENT》 等期刊于 2010—2015 年开始关注植物工厂领域的研究；《AGRONOMY-BASEL》《FRONTIERS IN PLANT SCI-ENCE》《JOURNAL OF CLEANER PRODUCTION》《SUSTAINABILITY》 等期刊分别于 2015—2017 年开始关注植物工厂领域的研究；《HORTICULTURAE》 于 2018 年才开始关注植物工厂领域的研究，相对较晚。

（2）各个期刊对植物工厂领域关注持续性差别明显，《HORTSCIENCE》 的持续时间最长。《HORTSCIENCE》 于 2004 年开始对植物工厂领域进行长达 16 年的间歇性关注，持续时间最长；《SCIENTIA HORTICULTURAE》《HORTICULTURE ENVIRONMENT AND BIOTECHNOLOGY》 于 2011 年开始对植物工厂领域进行 11 年的持续性研究，持续时间较长；其他期刊对植物工厂领域关注的时间持续性均在 10 年以下。

第三节　领域研究主题分析

一、研究主题

经过聚类分析，构建领域关键词聚类图，如彩图 5-23 所示。可见，全球植物工厂领域的研究分为四大主题领域，分别为光照管理研究（红色）、高精度发酵（绿色）、小气候研究（蓝色）和控制系统研究（黄色）。

1. 光照管理研究（红色）

对光照管理研究关键词进行统计分析可知，本主题主要研究光谱、光照强度和光周期三个方向。

（1）光谱，该分类包含的核心关键词有：紫外线、红色的、白色的、蓝光、红灯、远红光、光子通量密度等。

（2）光照强度，该分类包含的核心关键词有：代谢、光合作用、光合色素、叶绿素、叶绿素荧光、光合速率、叶面积等。

（3）光周期，该分类包含的核心关键词有：营养品质、营养繁殖、质量、颜色等。

2. 高精度发酵（绿色）

对高精度发酵关键词进行统计分析，本主题主要研究水和液体形式的植物营养，以最大限度地提高生长和产量，同时减少了潜在的昂贵浪费和可能对自然环境的负面影响。包含的核心关键词有：吸附、干旱胁迫、抗氧化剂、根分泌物、植物吸收、灌溉水、盐度压力、盐胁迫、磷、离子、耐盐性、酸碱度、铁、铅、铜、铝、非生物胁迫等。

3. 小气候研究（蓝色）

对小气候研究关键词进行统计分析，本主题主要研究受控环境农业设施中的微气候，以最大限度地提高空气质量。包含的核心关键词有：二氧化碳、排放、效率、污染、温度、环境、活力、优化等。

4. 控制系统研究（黄色）

对控制系统研究关键词进行统计分析，本主题主要研究自动温室监测和响应系统，以及通过计算机或智能手机从远程位置观察和控制其功能的能力。包含的核心关键词有：成长中的媒体、校准、气候变化、温室气体排放、灌溉、物理性质、用水效率、管理、蒸腾作用等。

二、研究热点及阶段性研究前沿

1. 研究热点分析

利用 VOSviewer 密度视图功能对全球植物工厂领域的研究热点进行分析，如彩图 5-24 所示。在密度视图中，从冷色调（蓝色）到暖色调（红色）表示关键词共现的频次越来越高，即研究主题的热度越来越高。可见，"生长""质量""光合作用""水培法""产量"和"发光二极管"等主题词是本领域的热点研究方向。

2. 阶段性研究前沿分析

结合 VOSviewer 生成的关键词时区视图（定量地表示出不同研究热点的热度及其随时间变迁规律）和 Cite Space 生成的突现词列表（突现词是指短时间内使用频率骤增的关键词，可以表征研究前沿的发展趋势，突现词的突现值则表现了该词短时间内使用频率骤增的强度），如彩图 5-25、彩图 5-26 所示，可以得到如下结论。

（1）2000—2010 年突现词："领先""重金属"等。在这一时期突现词较少，"领先"的突现时间为 9 年，突现值为 5.01；"重金属"的突现时间为 6 年，突现值为 5.2，突现值相对较高。由此得出植物工厂领域开始受到关注。

（2）2011—2021 年突现词："积累""植物修复""镉""植物""反应""工厂""养分""蓝色""水培""使用效率"等。在这一阶段内突现词增加较多，"植物修复"突现时间为 6 年，突现值为 5.92；"积累"的突现值为 6.31、"蓝色"的突现值为 5.41。由此得出在研究时限范围内"植物修复"为全球植物工厂领域的重要研究关键词。

第六章 我国植物工厂领域发展态势分析

第一节 数据来源

数据源选择中国知网（CNKI）的中国期刊全文数据库，以"植物工厂"为主题，检索限定的时间范围设为不限，期刊来源类别选定"SCI 来源期刊""EI 来源期刊""核心期刊""CSSCI"，检索日期为 2022 年 3 月 7 日，获取相关核心期刊论文 1 352 篇文献，经过人工判读，利用软件进行数据清洗，去掉不相关及信息不全的文献，确定 739 篇文献作为最终的研究数据集。

第二节 领域科研竞争力分析

一、概况

我国植物工厂的研究始于 1992 年，至今大体可以分为萌芽期、波动增长期、下降期三个发展阶段，目前已经处于下降期，如彩图 6-1 所示。

1. 第一阶段：萌芽期（1992—2003 年）

我国植物工厂领域在核心期刊上的总发文量为 108 篇，平均每年约 9 篇。研究成果较少，且呈现小幅波动增长状态，我国植物工厂领域研究开始缓慢发展；从机构、作者的数量上看，关注的人群和研究成果均较少。该时期的核心研究机构有中国农业科学院、江苏理工大学、南京农业大学、中国农业大学、中国科学院等。

2. 第二阶段：波动增长期（2004—2019 年）

我国植物工厂领域在核心期刊上的总发文量为 546 篇，平均每年约 34 篇。研究成果呈波动增长状态且达到最高，说明我国植物工厂领域的研究已得到高度重视。从机构、作者的数量上看，关注的人群和研究成果迅速增长。该时期的核心研究机构有中国农业科学院、上海市农业科学院、南京农业大学、中国农业大学、北京农业智能装备技术研究中心、河南省农业科学院、中国科学院等。

3. 第三阶段：下降期（2020—2022 年）

我国植物工厂领域在核心期刊上的总发文量为 85 篇，平均每年约 28 篇。研究成果呈下降趋势，说明近两年来植物工厂领域在我国关注度有所下降。该时期的核心研究机构有中国农业科学院、福建农林大学、上海市农业科学院、宁夏大学等。

二、机构竞争力

1. 机构生产力分析

以在我国植物工厂领域核心期刊发文量大于等于 10 篇的 15 个机构作为高生产力机构的研究对象，对其总发文量情况进行统计分析，如彩图 6-2 所示。

（1）各机构之间生产力差距较大。TOP15 高生产力机构中总发文量最高达 74 篇，最低为 10 篇，两者相差超 7 倍；排名前三高生产力机构的发文总量为 136 篇，占到 TOP15 高生产力机构总发文量的 46%。可见，高生产力机构之间存在较大差距。

（2）中国农业科学院、上海市农业科学院、南京农业大学等是我国植物工厂领域的重要产出机构。中国农业科学院以 74 篇的总发文量排在首位；上海市农业科学院以 35 篇的总发文量排在第二位；南京农业大学以 27 篇的总发文量位居第三位。表明这些机构是我国植物工厂领域的重要产出机构。紧随其后的是中国农业大学、福建农林大学、中国科学院。

（3）我国各个省份的高生产力机构分布不均。将高生产力机构按照所属省级行政区进行分类统计发现，这 15 个高生产力机构分别隶属于 9 个省级行政区。其中，北京市拥有 5 家高生产力机构，分别为中国农业科学院、中国农业大学、中国科学院、北京农业智能装备技术研究中心、北京市农业技术推广站；江苏省、辽宁省各拥有 2 家高生产力机构，分别为江苏省的南京农业大学和江苏大学，辽宁省的辽宁省农业科学院和沈阳农业大学等。

2. 机构影响力分析

以在我国植物工厂领域核心期刊总被引频次大于 150 次的 14 个机构作为高影响力机构的研究对象，对其总被引频次情况进行统计分析，如彩图 6-3 所示。

（1）各机构之间影响力差距较大。TOP14 高影响力机构中总被引频次最高达 1 289 次，最低为 155 次，两者相差超过 8 倍；排名前三位高生产力机构的总被引频次为 2 164次，占到 TOP14 高生产力机构总被引频次总和的 49%。可见，同生产力一样，高影响力机构之间也存在巨大差距。

（2）中国农业科学院、南京农业大学和中国农业大学等机构在我国植物工厂领域的影响力远超其他机构。中国农业科学院以 1 289次的总被引频次排在首位，且远高于其他机构；南京农业大学以 453 次的总被引频次位居第二；中国农业大学以 422 次的总被引频次位居第三位。这三家机构的影响力远超其他机构。另外，上海市农业科学院、河南农业大学、北京市农林科学院、北京农业智能装备技术研究中心、北京市农业机械研究所的总被引频次均在 200 次及以上。可见，这些机构在我国植物工厂领域的研究成果也拥有较高的影响力。

（3）我国各个省级行政区的高影响力机构分布不均。将高影响力机构按照所属省级行政区进行分类统计发现，这 14 个高影响力机构分别隶属于 7 个省份。其中，北京市最多，拥有 6 家高影响力机构；河北省位居第二，拥有 3 家高影响力机构；江苏、河南、山东、重庆、上海各拥有 1 家高影响力机构。

3. 机构论文质量分析

以在我国植物工厂领域核心期刊发文量大于等于 5 篇，同时总被引频次高于 100 次的 15 个机构作为高竞争力机构的研究对象，对其篇均被引频次情况进行统计分析，如彩图 6-4 所示。

（1）高竞争力机构的论文质量差异较大。TOP15 高竞争力机构中，论文篇均被引频次最高为 33.33 次，最低的仅为 9.23 次，相差超 3 倍。可见，高竞争力机构单篇成果的质量具有明显的差距。

（2）北京市农业机械研究所、西南大学和北京市农林科学院在我国植物工厂领域的论文质量较高。北京市农业机械研究所的篇均被引频次为 33.33 次，排在第一位，在我国植物工厂领域的整体论文质量最高；西南大学和北京市农林科学院分别以 31.67 次和 27.38 次的篇均被引频次位列第二和第三。可见，这些机构在我国植物工厂领域的论文质量较高。另外，河南农业大学，以 26.33 次的篇均被引频次位列第四；浙江大学、中国农业大学、中国农业科学院和南京农业大学的篇均被引频次均高于 15 次。

（3）北京市拥有的高竞争力机构最多。将高竞争力机构按照所属省级行政区进行分类统计发现，这 15 个高影响力机构分别隶属于 9 个省份。其中，北京市拥有 6 家高竞争力机构，排名第一；江苏省拥有 2 家，排名第二，分别为南京农业大学和江苏大学。

4. 机构发文态势分析

以我国植物工厂领域核心期刊发文量大于等于 10 篇的 15 个机构作为研究对象，对其发文态势情况进行对比分析，如彩图 6-5 所示。

（1）各机构在植物工厂领域核心期刊发表研究成果的起步时间不同。中国农业科学院、中国科学院、山东省农业科学院等机构均于 1992 年开始在植物工厂领域核心期刊发表研究成果，起步最早；其次是南京农业大学，于 1993 年开始在植物工厂领域开展高水平研究；华南农业大学和沈阳农业大学相继于 1994 年、1999 年开始在植物工厂领域核心期刊发表研究成果；北京农业智能装备技术研究中心和北京市农业技术推广站均于 2010 年以后才开始相关研究，起步相对较晚。

（2）各个机构在我国植物工厂领域核心期刊发表研究成果的时间持续性总体较短。中国农业科学院在植物工厂领域核心期刊上持续发表研究成果长达 17 年，持续时间最长；南京农业大学、上海市农业科学院和中国农业大学分别以 7 年、6 年、5 年的持续性研究紧随其后；其他机构由于在核心期刊上发表有所中断，研究持续性均在 5 次以下。可见，除中国农业科学院外各个机构在我国植物工厂领域核心期刊上发表研究成果的时间持续性总体较短。

（3）各个机构在我国植物工厂领域核心期刊的论文产出趋势各不相同。近年来，中国农业科学院、上海市农业科学院、中国农业大学和江苏大学等机构在植物工厂领域的论文产出波动增长，虽然近两年有所下降，但总体发文量呈上升趋势；南京农业大学、福建农林大学、河南省农业科学院、北京农业智能装备技术研究中心等机构近年来在植物工厂领域核心期刊的论文产出呈明显下降趋势；中国科学院、辽宁省农业科学院、沈阳农业大学、华南农业大学和山东省农业科学院等机构自 2015 年以来年均发文量不足 1 篇。

5. 机构合作分析

以我国植物工厂领域发文量大于等于 2 篇的 41 个机构作为研究对象，以机构之间合作频次为指标，构建机构合作关系矩阵；并根据该矩阵，用 VOSviewer 软件绘制机构合作关系网络，如彩图 6-6 所示。

在我国植物工厂领域机构之间合作较少，合作关系网络整体可以分为六大合作群体。

（1）由上海市农业科学院、南京农业大学、上海光明森源生物科技有限公司、上海海洋大学和西南大学等机构组成的上海、江苏、重庆等省（市）的合作群体。

（2）由中国农业科学院、北京农业智能装备技术研究中心、山西农业大学、浙江大学、河北工业大学等机构组成的北京、山西、浙江、河北等省（市）的合作群体。

（3）由中国农业大学、华南农业大学、同济大学、上海丰科生物科技股份有限公司等机构组成的北京、广东、上海等省（市）的合作群体。

（4）由福建农林大学、福建省食用菌技术推广总站、宁德市益智源农业开发有限公司、宁德师范学院等机构组成的福建省的合作群体。

（5）以吉林农业大学、吉林大学、吉林省农业科学院、福建省农业科学院等机构组成的吉林、福建等省（市）的合作群体。

（6）以中国科学院、华中农业大学、武汉市农业科学院、广东省科学院等组成的北京、湖北、广东等省（市）的合作群体。

三、学者竞争力

1. 学者生产力分析

以在我国植物工厂领域核心期刊发文量大于 5 篇的 30 位学者为高生产力学者的研究对象，对其发文量、所属机构情况进行统计分析，如表 6-1 所示。

表 6-1　我国植物工厂领域高生产力学者列表

学者	总发文量（篇）	机构
杨其长	21	中国农业科学院
刘文科	19	中国农业科学院
王瑞娟	13	上海市农业科学院
毛罕平	13	江苏大学
于海龙	11	上海市农业科学院
郭倩	11	上海市农业科学院
陈晓丽	10	北京农业智能装备技术研究中心

（续表）

学者	总发文量（篇）	机构
仝宇欣	9	中国农业科学院
王艳芳	9	北京市农业技术推广站
查凌雁	9	中国农业科学院
李新旭	9	北京市农业技术推广站
黄亮	8	天津农学院
方慧	8	中国农业科学院
杨铁钢	8	河南省农业科学院
班立桐	8	天津农学院
徐珍	7	上海市农业科学院
李玉	7	上海市农业科学院
李蔚	7	北京市农业技术推广站
雷喜红	7	北京市农业技术推广站
贺冬仙	7	中国农业大学
韩建东	6	山东省农业科学院
徐志刚	6	南京农业大学
李萍萍	6	南京林业大学
毛树春	6	中国农业科学院
李超	6	辽宁省农业科学院
宫志远	6	山东省农业科学院
张玉彬	6	中国农业科学院
陶永新	6	福建农林大学
章炉军	6	上海市农业科学院
王玉	6	天津农学院

（1）中国农业科学院拥有的高生产力学者最多。TOP30 高生产力学者分别隶属于 12 个机构。其中，中国农业科学院占据 7 位，拥有最多的高生产力学者；上海市农业科学院拥有 6 位高生产力学者；其次是北京市农业技术推广站、天津农学院、山东省农业科学院和南京农业大学等机构拥有 2 位及以上的高生产力学者；中国农业大学、辽宁省农业科学院、江苏大学、河南省农业科学院、福建农林大学等机构各拥有 1 位高生产力学者。

（2）各学者之间生产力差距明显，杨其长的生产力最高。TOP30 高生产力学者中发文量在 15 篇及以上的学者共有 2 位。其中，总发文量最高的学者为杨其长，达到了

21篇；刘文科的发文量为19篇，排名第二；王瑞娟、毛罕平、于海龙、郭倩和陈晓丽等学者的发文量也均在10篇及以上。可见，这些学者具有较高的生产力。同时，TOP30高生产力学者中发文量最低的为6篇，可见，高生产力学者之间存在明显差距。

2. 学者影响力分析

以在我国植物工厂领域核心期刊总被引频次大于80次的21位学者作为高影响力学者的研究对象，对其总被引频次、所属机构分布情况进行统计分析，如表6-2所示。

表6-2 我国植物工厂领域高影响力学者列表

学者	总被引频次（次）	机构
杨其长	403	中国农业科学院
刘文科	298	中国农业科学院
孙治强	221	河南农业大学
毛树春	177	中国农业科学院
郭倩	165	上海市农业科学院
郝金魁	155	河北省农业机械化研究所
王瑞娟	152	上海市农业科学院
李萍萍	144	南京林业大学
张东旭	144	河北农业大学
毛罕平	129	江苏大学
徐志刚	128	南京农业大学
崔秀敏	125	山东农业大学
陈晓丽	115	北京农业智能装备技术研究中心
成浩	112	中国农业科学院
周健	112	中国农业科学院
曾建明	112	中国农业科学院
谷保静	97	浙江大学
贺冬仙	93	中国农业大学
刘士哲	90	华南农业大学
张志斌	89	中国农业科学院
查凌雁	81	中国农业科学院

（1）中国农业科学院拥有的高影响力学者最多。TOP21高影响力学者分别隶属于13个机构。其中，中国农业科学院占据8位，拥有最多的高影响力学者；其次是上海市农业科学院拥有2位；中国农业大学、浙江大学、山东农业大学、南京农业大学等机构各拥有1位高生产力学者。

（2）各学者之间影响力差距较大，杨其长的影响力最高。TOP21 高影响力学者中总被引频次在 200 次以上的共有 3 位。其中，杨其长的总被引频次达到了 403 次，最高；紧随其后的是刘文科、孙治强，总被引频次分别达到了 298 次和 221 次；毛树春、郭倩、郝金魁和王瑞娟等学者的总被引频次均在 150 次以上，说明这些学者在我国植物工厂领域的研究成果拥有极高的影响力。谷保静、贺冬仙、刘士哲、张志斌和查凌雁等学者的总被引频次均在 100 次以下，在 TOP21 高影响力学者中总被引频次较少。可见，各高影响力学者之间的影响力差距较大。

3. 学者论文质量分析

以在我国植物工厂领域核心期刊发文量大于等于 5 篇，同时总被引频次大于 70 次的 14 位学者作为高竞争力学者的研究对象，并对其篇均被引频次进行统计分析，如彩图 6-7 所示。

（1）中国农业科学院拥有的高竞争力学者最多。14 位高竞争力学者分别隶属 7 个机构。其中，中国农业科学院拥有的高竞争力学者最多，共 5 位；其次是上海市农业科学院拥有 3 位高竞争力学者；南京农业大学拥有 2 位高竞争力作者；中国农业大学、江苏大学、河南省农业科学院和北京农业智能装备技术研究中心各拥有 1 位高竞争力作者。

（2）高竞争力学者的论文质量大多高于全国平均水平。我国植物工厂领域学者平均篇均被引频次为 11.28 次，高竞争力学者的篇均被引频次最高的为 29.5 次，最低的为 6.55 次，大多高于我国植物工厂领域学者的平均值。可见，高竞争力学者不仅生产力和影响力水平高，其论文的质量与其他学者相比也相对具有明显优势。

（3）毛树春、李萍萍和徐志刚等学者在我国植物工厂领域的论文质量较高。高竞争力学者中，毛树春的篇均被引频次为 29.5 次，排名第一；其次是李萍萍和徐志刚的篇均被引频次分别为 24 次和 21.33 次；杨其长、刘文科和郭倩等学者的篇均被引频次均高于 15 次及以上。说明这些学者在我国植物工厂领域的整体论文质量较高。

4. 学者发文态势分析

以在我国植物工厂领域核心期刊发文量大于等于 9 篇的 11 位学者作为研究对象，对其发文态势情况进行对比分析，如彩图 6-8 所示。

（1）各高生产力学者在我国植物工厂领域核心期刊发表研究成果的起步时间和持续时期差别较大，毛罕平起步最早。毛罕平于 1996 年最早开始在我国植物工厂领域核心期刊发表研究成果，并进行了 25 年的间断性产出；其次是郭倩于 2003 年开始在我国植物工厂领域核心期刊发表研究成果，但持续时间较短；刘文科和杨其长均于 2005 年开始发表研究成果，并进行了 16 年的间断性产出；此外，于海龙、王瑞娟均于 2009 年开始在我国植物工厂领域核心期刊发表研究成果，并进行了 13 年的间断性产出；而李新旭和王艳芳于 2018 年才开始在植物工厂领域核心期刊有产出。总体来看，高生产力学者不但在植物工厂领域核心期刊发表研究成果的时间早晚不同，而且其研究持续性也相差较大。

（2）近年来，各高生产力学者在植物工厂领域核心期刊的论文产出相对较少。杨其长、刘文科和毛罕平等学者在我国植物工厂领域核心期刊的论文产出波动增长，近 5

年来每年基本保持在 2 篇左右。郭倩、陈晓丽、王艳芳和李新旭等学者近年来在植物工厂领域核心期刊论文呈逐渐减少的趋势。总体来看，近年来我国高生产力学者在植物工厂领域核心期刊的论文产出呈逐渐减少的趋势。

5. 学者合作分析

以在我国植物工厂领域核心期刊发文量大于等于 3 篇的 162 位学者为研究对象，以学者之间合作频次为指标，构建学者合作关系矩阵；并根据该矩阵，用 VOSviewer 软件绘制学者合作关系网络，如彩图 6-9 所示。

我国植物工厂领域合作网络主要可以分为 39 个合作群体。其中，学者数不少于 8 人的群体有 5 个，分别如下。

（1）由王瑞娟、尚晓冬、于海龙、郭倩、谭琦等组成的上海市农业科学院合作群体。

（2）由刘文科、张玉彬、查凌雁、邵明杰、周成波等组成的中国农业科学院合作群体。

（3）由宫志远、韩建东、姚强、李瑾等组成的山东省农业科学院合作群体。

（4）由谷保静、周健、曾建明、成浩、袁海波等组成的浙江大学、中国农业科学院合作群体。

（5）由杨其长、方慧、仝宇欣、张晨、程瑞锋等组成的中国农业科学院合作群体。

四、学科竞争力

1. 学科竞争力分析

采用 CNKI 学科分类体系，对我国植物工厂领域各学科的发文量、总被引频次进行了统计分析，如彩图 6-10、彩图 6-11 所示。

（1）我国植物工厂研究涉及学科门类众多，研究相对聚焦。我国植物工厂领域的研究共分布在 31 个学科类别中，学科门类众多，学科交叉融合明显。其中，园艺学科以 406 篇的发文量排在首位，远远高于其他学科；农作物学科以 139 篇的发文量排在第二位；农艺学以 57 篇的发文量排在第三位。另外，农业经济、农业工程、林业、自动化技术、农业基础科学等学科的发文量均在 20 篇以上。这 8 个学科的文献占全部文献近 89%，可见，研究重点突出、相对聚焦。

（2）我国植物工厂领域各学科的影响力差距悬殊，园艺学科的影响力最高。园艺学科的总被引频次排名第一，高达 4 046 次，远远超过其他学科；其次是农作物、农艺学、农业经济等学科，相关文献总被引频次分别为 1 700 次、882 次、654 次；农业工程、农业基础科学、林业、自动化技术等学科的总被引频次均在 300 次以上。可见，各学科之间的影响力差距很大。

（3）园艺、农作物、农艺学、农业经济和农业工程等学科综合竞争力相对较高。园艺、农作物、农艺学、农业经济和农业工程等学科的发文量和总被引频次均排在植物工厂领域前 5 位。说明这 5 个学科在我国植物工厂领域的综合竞争力很高。另外，林业、自动化技术、农业基础科学、生物学和轻工业手工业等学科的发文量和总被引频次均排在前10位。可见，这些学科也具有较高的综合竞争力。

2. 学科发文趋势分析

通过统计在我国植物工厂领域发文量大于等于10篇的11个学科类别的发文趋势情况，结果如彩图6-12所示。

（1）园艺、农作物是植物工厂领域研究的基础优势学科。园艺、农作物和生物学等学科自1992年就开始开展植物工厂领域的研究；农业经济学科于1993年开始植物工厂领域的研究；农业工程、林业和农业基础科学等学科于1994年开始植物工厂领域的研究；自动化技术学科和轻工业手工业学科也相继于1996年、1997年开始相关研究。可见，这几个学科在我国植物工厂领域开展相关研究较早。除农业工程、林业、农业基础科学、生物学和轻工业手工业等学科外，大多时间保持持续性研究，且相关研究发文量呈逐年上升的趋势。尤其是园艺、农作物的文献数量明显较多，说明这两门学科是我国植物工厂领域基础研究的重点优势学科。

（2）我国植物工厂领域呈现新兴学科融合发展态势。农艺学和植物保护学科在植物工厂领域的研究起步较晚，均在2000年以后。近年来，学科的发文量波动增长且研究持续性状态呈现，逐步成为植物工厂领域的新兴学科。

五、期刊竞争力

1. 期刊竞争力分析

以植物工厂领域载文量大于等于5篇，同时总被引频次大于100次的17种核心期刊作为高竞争力期刊的研究对象，并对其载文量、总被引频次、篇均被引频次及影响因子进行统计分析，如表6-3所示。

表6-3　我国植物工厂领域高竞争力期刊列表

期刊	载文量（篇）	载文量排名	总被引频次（次）	总被引频次排名	篇均被引频次（次）	篇均被引频次排名	影响因子	影响因子排名
北方园艺	65	1	643	3	9.89	14	1.161	11
农机化研究	53	2	740	1	13.96	8	1.134	12
中国食用菌	52	3	252	6	4.84	17	1.973	4
中国蔬菜	46	4	722	2	15.69	6	1.299	9
江苏农业科学	29	5	345	5	11.89	9	1.181	10
农业工程学报	28	6	525	4	18.75	4	3.446	1
食用菌学报	25	7	197	11	7.88	16	1.586	7
安徽农业科学	21	8	208	9	9.90	13	0.716	17
食用菌	19	9	206	10	10.84	11	0.809	16
中国农机化学报	14	10	130	14	9.28	15	1.739	6

（续表）

期刊	载文量（篇）	载文量排名	总被引频次（次）	总被引频次排名	篇均被引频次（次）	篇均被引频次排名	影响因子	影响因子排名
农业机械学报	12	11	240	7	20	3	3.327	2
科技导报	10	12	222	8	22.2	1	1.409	8
广东农业科学	10	12	107	16	10.7	12	0.947	15
中国农业大学学报	9	14	105	17	11.67	10	2.185	3
世界农业	9	14	197	11	21.88	2	1.832	5
上海农业学报	9	14	130	14	14.44	7	0.957	14
中国棉花	8	17	141	13	17.63	5	0.967	13

（1）各个核心期刊在植物工厂领域的生产力、影响力和论文质量差距较大。TOP17高竞争力核心期刊中关于植物工厂领域的载文量最高达65篇，最低为8篇，相差超8倍。《北方园艺》（65篇）、《农机化研究》（53篇）和《中国食用菌》（52篇）是载文量最多的三种期刊，表明这三种期刊与植物工厂领域研究的相关性较高。

TOP17高竞争力核心期刊中被引频次最高达740次，最低为105次。《农机化研究》（740次）、《中国蔬菜》（722次）和《北方园艺》（643次）排在前三位。表明这3种期刊在我国植物工厂领域的影响力最高。

TOP17高竞争力核心期刊中篇均被引频次最高达22.2次，最低为4.84次。排在前三位的是《科技导报》（22.2次）、《世界农业》（21.88次）和《农业机械学报》（20次）。表明这3种期刊在我国植物工厂领域的论文质量较高。

TOP17高竞争力核心期刊中影响因子最高达3.446，最低为0.716，影响因子差距较大。影响因子排在前三位的期刊是《农业工程学报》（3.446）、《农业机械学报》（3.327）和《中国农业大学学报》（2.185）。

（2）《农业工程学报》《中国蔬菜》和《江苏农业科学》是我国植物工厂领域综合竞争力最高的核心期刊。综合四项指标来看，《农业工程学报》《中国蔬菜》和《江苏农业科学》三本期刊的载文量、总被引频次、篇均被引频次和影响因子均排在前10位，是我国植物工厂领域综合竞争力最高的核心期刊；有3项指标排在前10位的期刊包括《农业机械学报》《中国食用菌》《科技导报》和《农机化研究》，这些期刊在我国植物工厂领域的综合竞争力相对较高。

2. 期刊载文态势分析

通过统计我国植物工厂领域相关载文量大于等于15篇的9种高载文量核心期刊的年度载文变化情况，结果如彩图6-13所示。

（1）各核心期刊最早关注植物工厂领域相关研究的时间不同，《中国食用菌》《中国蔬菜》和《食用菌》等期刊最早关注植物工厂领域。《中国食用菌》《中国蔬菜》和《食用菌》等期刊都于1992年最早开始关注植物工厂领域；《农业工程学报》《农机化研究》分别于 1994 年、1996 年开始关注植物工厂领域的研究；《江苏农业科学》和《安徽农业科学》等期刊也相继于 2004 年、2005 年开始关注植物工厂领域的研究；《食用菌学报》和《北方园艺》等期刊在 2005 年以后才开始关注对植物工厂领域的研究，相对较晚。

（2）各个核心期刊对植物工厂领域关注持续性差别明显，《农机化研究》《北方园艺》等期刊对植物工厂领域研究关注的持续时间较长。《农机化研究》于 1996 年开始对植物工厂领域进行了长达 20 年的持续性关注；《北方园艺》对植物工厂领域进行 13 年的持续性关注；《安徽农业科学》《江苏农业科学》和《农业工程学报》等期刊对植物工厂领域均进行 7 年的持续性关注，而《中国食用菌》和《食用菌》期刊对植物工厂领域研究的时间持续性则在 5 年以下，相对较短。

（3）近年来，《中国食用菌》和《中国蔬菜》等期刊在植物工厂领域的载文量增长较快，《北方园艺》《江苏农业科学》《安徽农业科学》和《食用菌》等期刊在植物工厂领域的载文量有所减少。《农机化研究》从开始关注植物工厂领域开始载文量总体呈上升趋势，并于 2017 年达到了最高的 8 篇，总体载文量较为稳定；《中国食用菌》和《中国蔬菜》期刊在 2017 年以后载文量增速较快，而《北方园艺》《江苏农业科学》《安徽农业科学》和《食用菌》等期刊在植物工厂领域载文量总体呈下降趋势。其中，《安徽农业科学》和《食用菌》等期刊近年来在植物工厂领域年载文量不足 1 篇。

第三节　领域研究主题分析

一、研究主题

经过聚类分析，构建领域关键词聚类图，如彩图 6-14 所示。可见，我国植物工厂领域的研究分为四大主题领域，分别为植物组织培养（黄色）、工厂化育苗（蓝色）、工厂化栽培（绿色）、植物工厂化控制（红色）。

1. 植物组织培养（黄色）

对植物组织培养关键词进行统计分析，本主题主要针对植物的组织培养相关研究，主要包括组培苗、快速繁殖、培养基、容器育苗、生根培养、原球茎、试管苗、增殖等。

2. 工厂化育苗（蓝色）

对工厂化育苗关键词进行统计分析，本主题主要针对植物工厂化育苗相关技术研究，主要包括机械化移栽、穴盘育苗、技术规程、番茄、蔬菜、基质育苗、常规育苗、高产栽培技术、漂浮育苗、无土育苗、气雾化栽培等。

3. 工厂化栽培（绿色）

对工厂化栽培关键词进行统计分析，本主题主要针对植物工厂化栽培相关技术研究，主要包括杏鲍菇、金针菇、食用菌、培养料、生长发育、产量、栽培配方、栽培技术、农艺性状、互作育苗、生长速度等。

4. 植物工厂化控制（红色）

对植物工厂化控制关键词进行统计分析，本主题主要针对植物工厂化控制相关技术研究，主要包括 LED 光源、光质、PID 控制、人工补光、传感器、光照强度、发光二极管、地下水源热泵、环境控制、多孔介质模型、智能控制、机器视觉、模糊控制、物联网、环境监测、现代化温室、远程监控、降温系统等。

二、研究热点及阶段性前沿

1. 研究热点分析

利用 VOSviewer 密度视图功能对我国植物工厂领域的研究热点进行分析，如彩图 6-15 所示。在密度视图中，从冷色调（蓝色）到暖色调（红色）表示关键词共现的频次越来越高，即研究主题的热度越来越高。可见，"工厂化育苗""工厂化生产""工厂化栽培""组织培养""生菜""光质""杏鲍菇""金针菇""食用菌""环境控制"等主题词是我国植物工厂领域的热点研究方向。

2. 阶段性前沿分析

结合 VOSviewer 生成的关键词时区视图和 Cite Space 生成的突现词列表，如彩图 6-16、彩图 6-17 所示，可以得到如下结论。

（1）1992—2000 年突现词。"组培快繁""瓶内生根""移栽驯化"等。在这一时期突现词较少，"组培快繁"的突现时间为 12 年，突现值为 5.55，突现值相对较高；"瓶内生根"的突现时间为 12 年，突现值为 5.08；"移栽驯化"的突现时间为 12 年，突现值为 3.66。由此得出，在研究时限范围内"组培快繁"和"瓶内生根"为我国植物工厂领域的重要研究关键词。

（2）2001—2010 年突现词。"组织培养""农业工程""工厂化""杏鲍菇"等。在这一阶段内突现词增加较少，"组织培养"的突现时间较长，为 9 年，且积累的突现值为 8.61，突现值较高；"农业工程"的突现时间为 5 年，突现值为 3.74；"工厂化"的突现时间为 2 年，突现值为 4.46；"杏鲍菇"的突现时间为 6 年，突现值为 7.87。由此得出，在研究时限范围内"组织培养"和"杏鲍菇"为我国植物工厂领域的重要研究关键词。

（3）2011—2022 年突现词。"植物工厂""LED""双孢蘑菇""生菜""食用菌"等。在这一阶段内突现词增加较多，"植物工厂"的突现时间较长，为 8 年，突现值为 15.42，突现值最高；"LED"的突现时间为 6 年，突现值为 5.1；"生菜"的突现时间为 5 年，突现值为 6.26；"双孢蘑菇"和"食用菌"的突现值均在 5 以下。由此得出，在研究时限范围内"植物工厂""生菜""LED"为我国植物工厂领域的重要研究关键词。

彩 图

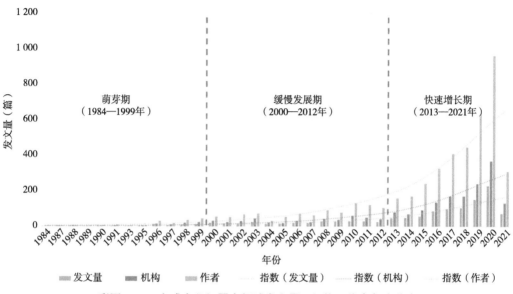

彩图 1-1 全球农业机器人领域发文量、机构、作者年度分布

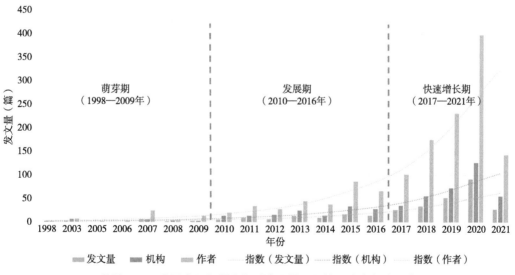

彩图 1-2 我国农业机器人领域发文量、机构、作者年度分布

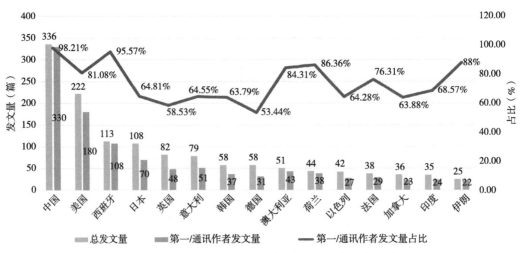

彩图 1-3　全球农业机器人领域高生产力国家发文量对比

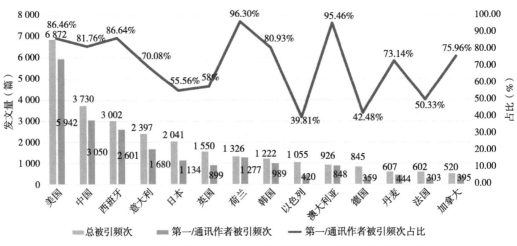

彩图 1-4　全球农业机器人领域高影响力国家各类总被引频次对比

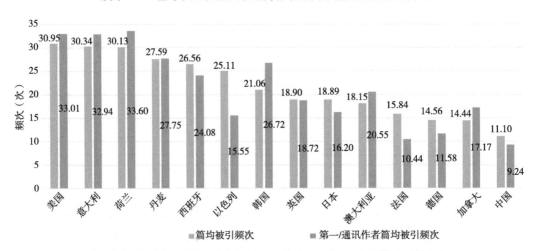

彩图 1-5　全球农业机器人领域高竞争力国家各类篇均被引频次对比

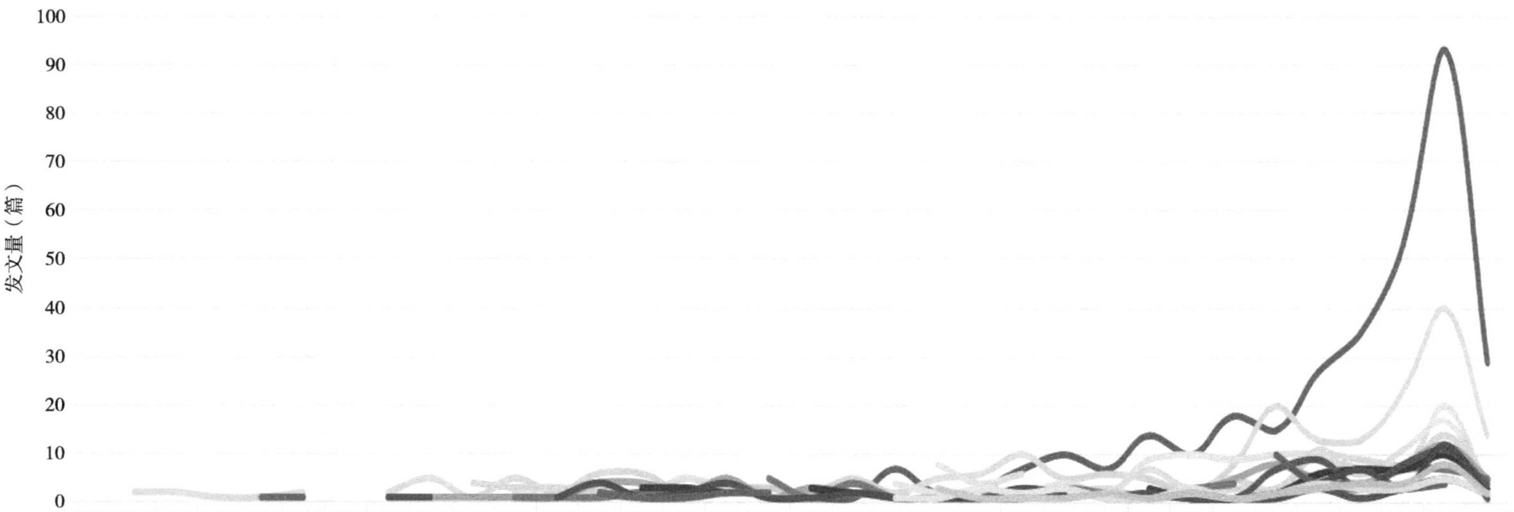

	1984	1987	1988	1989	1990	1991	1993	1995	1996	1997	1998	1999	2000	2001	2002	2003	2004	2005	2006	2007	2008	2009	2010	2011	2012	2013	2014	2015	2016	2017	2018	2019	2020	2021（年份）
中国											1					3		1	1	7	2	3	7	10	7	14	10	18	15	27	35	53	93	29
美国		2	2	1	1	2		2	5	1	5	2	6	6	2	3	3	2	5	2	5	6	10	5	6	5	2	8	20	13	13	23	40	14
西班牙										1		2	3	1	1	4				4	2	2	2	4	2	9	10	9	10	10	6	11	17	3
日本									6		2	3	2	1	5	3	1		1		8	4	6		1	7	3	5	2	11	7	7	20	3
英国										4	3	3	2	1		2		1	2	1	1	1	1	2	3	1	2	3	3	10	9	8	14	5
意大利									1	1	1	1	4	4	2	5	1	3	2		1	1			3		2	5	8	5	4	8	12	5
韩国											1	1	1	2	1		5	1	4	1	1	1	1	3	2		3	4		4	3	7	7	5
德国										1		1		3	3	2		3	2		1	1		1		3	1	1	2	6	7	7	10	3
澳大利亚															1				1			1	2			1	2	1	7	9	3	8	11	4
荷兰								1	1			1	4	1	2	4	1	1	2	1		1	3	2		2	1	1	1	3	1	3	5	2
以色列					1	1		1					2	1	1	2	2					1					5		10	4	4	3	4	
法国	1														2							1			1	2	1	1	2	4	7	3	12	1
加拿大										1										1	1	3	2	3	1	1	3	1	2	4	3	3	5	2
印度																					3	1	1	1	2	1	2	1	2	3	4	4	8	2

彩图 1-6　全球农业机器人领域国家发文态势分布

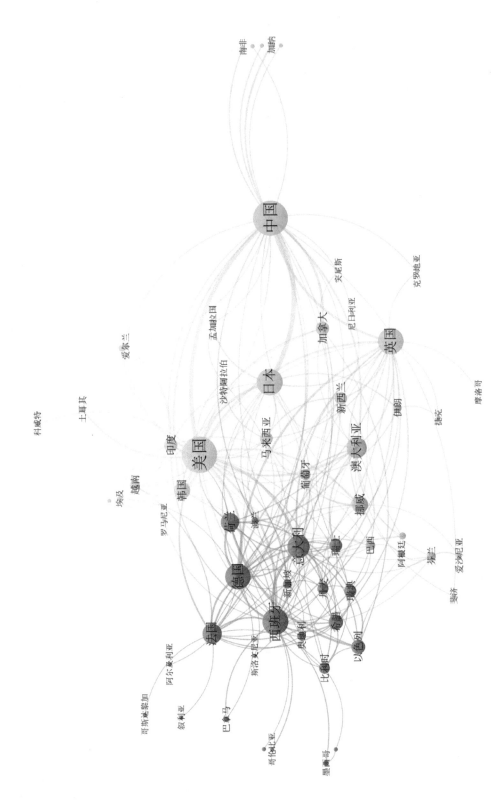

彩图 1-7　全球农业机器人领域国家合作关系网络

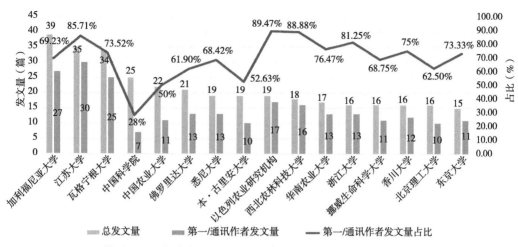

彩图 1-8　全球农业机器人领域高生产力机构各类发文量对比

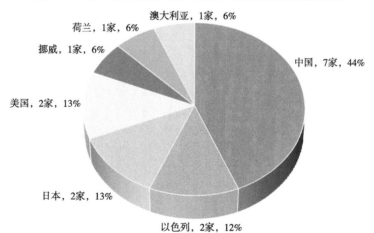

彩图 1-9　全球农业机器人领域高生产力机构国家分布

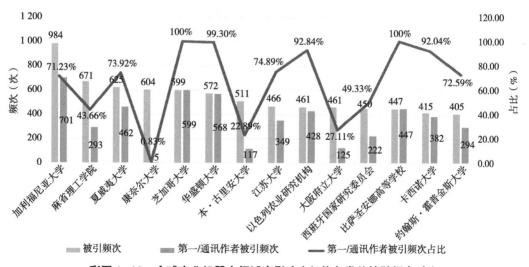

彩图 1-10　全球农业机器人领域高影响力机构各类总被引频次对比

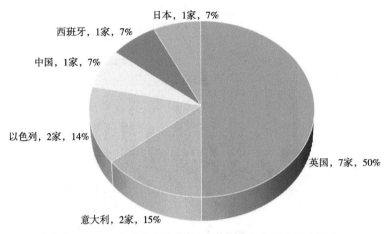

彩图 1-11　全球农业机器人领域高影响力机构国家分布

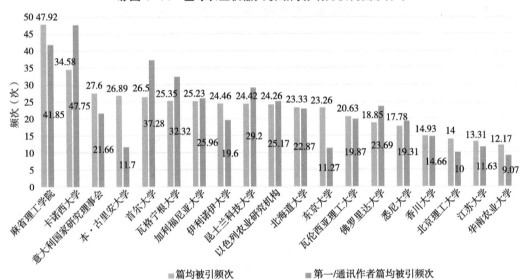

彩图 1-12　全球农业机器人领域高竞争力机构各类篇均被引频次对比

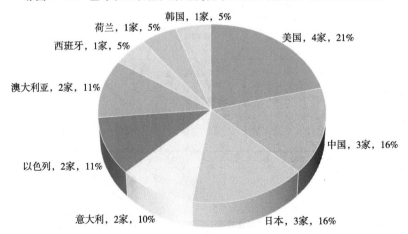

彩图 1-13　全球农业机器人领域高竞争力机构国家分布

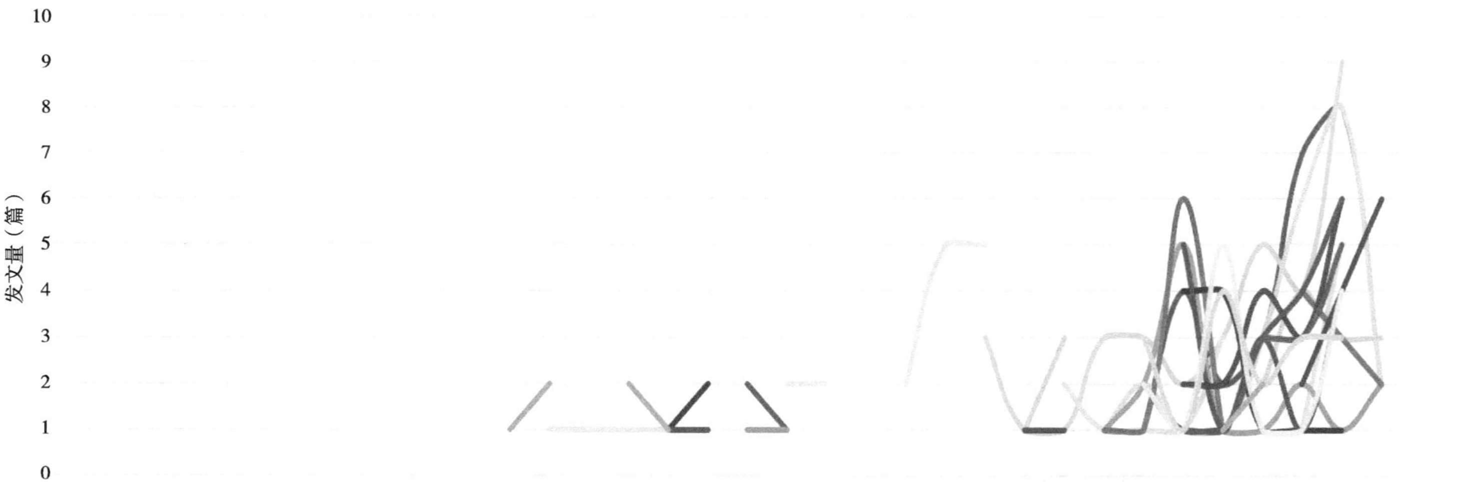

发文量（篇）

1984 1987 1988 1989 1990 1991 1993 1995 1996 1997 1998 1999 2000 2001 2002 2003 2004 2005 2006 2007 2008 2009 2010 2011 2012 2013 2014 2015 2016 2017 2018 2019 2020 2021（年份）

- 加利福尼亚大学
- 江苏大学
- 瓦格宁根大学
- 中国科学院
- 中国农业大学
- 佛罗里达大学
- 悉尼大学
- 以色列农业研究机构
- 本·古里安大学
- 西北农林科技大学
- 华南农业大学
- 浙江大学
- 挪威生命科学大学
- 香川大学
- 北京理工大学
- 东京大学

彩图 1-14　全球农业机器人领域高生产力机构发文态势分布

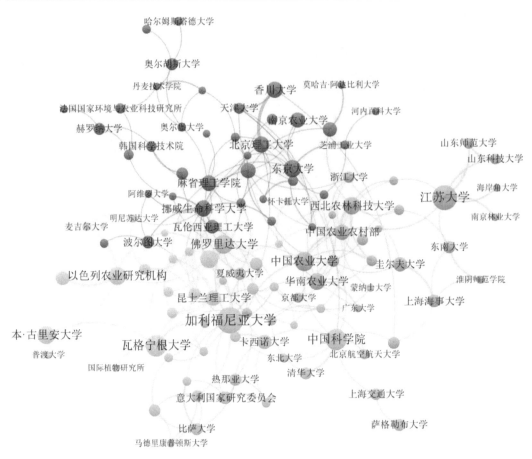

彩图 1-15　全球农业机器人领域机构合作关系网络

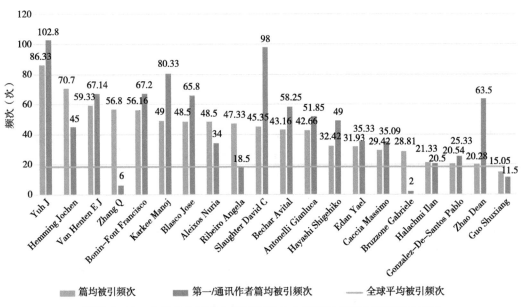

彩图 1-16　全球农业机器人领域高竞争力学者各类篇均被引频次对比

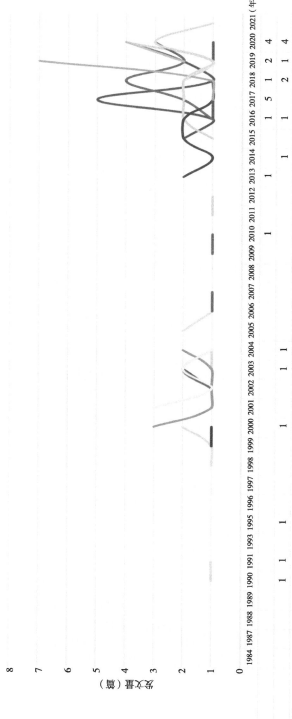

彩图 1–17　全球农业机器人领域高生产力学者发文态势分布

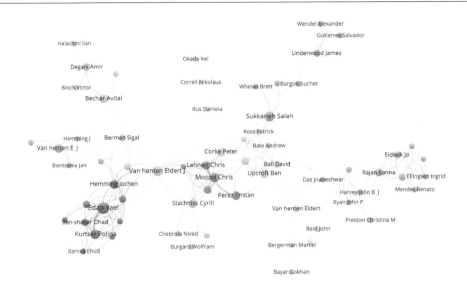

彩图 1-18 全球农业机器人领域学者合作关系网络

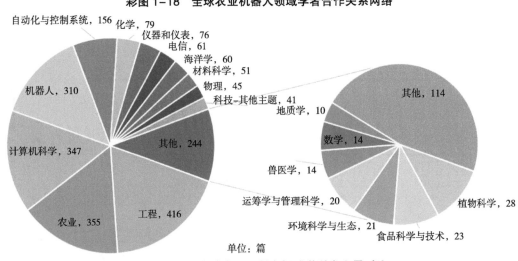

单位：篇

彩图 1-19 全球农业机器人领域学科发文量对比

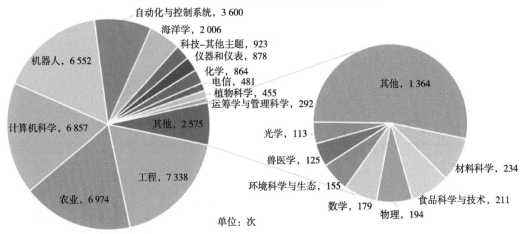

单位：次

彩图 1-20 全球农业机器人领域学科被引频次对比

纵坐标：发文量（篇），刻度 0、10、20、30、40、50、60、70、80、90、100

横坐标：年份

图例：工程、农业、计算机科学、机器人、自动化与控制系统、化学、仪器和仪表、电信、海洋学、材料科学、物理、科技-其他主题

年份	工程	农业	计算机科学	机器人	自动化与控制系统	化学	仪器和仪表	电信	海洋学	材料科学	物理	科技-其他主题
1984	1											
1987		2										
1988		1										
1989		1										
1990	1	1	1									
1991	1	1		1								1
1993		1	1	1	1							
1995	1	1	3									
1996	1	4	5	4		1						
1997	1	4	3	2	1							
1998	5	2	3	1	3			2				
1999	5	3	5	4	4							
2000	10	6	8	5	4			2	2			1
2001	6	4	3	5	4							
2002	1	7	4	6	4			2	2	1		
2003	12	9	5	5	7							
2004	4	5	2	2	2				1	1		
2005	7	2	4	6	6				1	1		
2006	6	8	4	4	3			2	1			
2007	7	8	5	8	8				1			
2008	6	11	11	9	5		1		1	4	2	
2009	7	9	5	10	2		1		1	4	1	
2010	11	9	3	10	2			2		2		1
2011	10	10	3	7	3	1	2	5				
2012	4	3	9	8	8			2	1		3	
2013	16	8	8	18	10	4	5	2	2			
2014	13	19	11	11	6	3	5	1	1	2	1	1
2015	13	15	17	19	14	1	3	1	3	2	1	1
2016	33	29	29	13	5	6	6	2	5	2	1	2
2017	32	21	20	30	17	7	6	2	4	4	4	6
2018	36	27	31	29	11	4	3	6	9	2	2	4
2019	58	50	42	23	12	22	21	15	4	16	12	7
2020	86	56	78	55	11	21	20	24	8	14	16	13
2021	22	23	24	14	7	8	4	2	5	7	5	5

彩图 1-21　全球农业机器人领域高发文量学科发文态势分布

载文量（篇）

期刊	1984	1987	1988	1989	1990	1991	1993	1995	1996	1997	1998	1999	2000	2001	2002	2003	2004	2005	2006	2007	2008	2009	2010	2011	2012	2013	2014	2015	2016	2017	2018	2019	2020	2021
COMPUTERS AND ELECTRONICS IN AGRICULTURE										1				2				3			4	2	1	2	3	2	5	7	9	8	5	17	25	10
BIOSYSTEMS ENGINEERING													2		3	4		1		2	3	2	2		1	3	1	2	11	4	7	6	7	1
SENSORS																		1					1	1	3	1	3	5	5	5	14	14	11	4
IEEE ACCESS																						1							1	5	14	22	2	
JOURNAL OF FIELD ROBOTICS															2	1			1			3			2	2	1	7	4	4	4	14	4	1
IEEE ROBOTICS AND AUTOMATIONLETTERS																													8	8	4	9	3
INTERNATIONAL JOURNAL OF ADVANCED ROBOTIC SYSTEMS																			2			1	4	1	5	4	2	1	4	1
INTERNATIONAL JOURNAL OF AGRICULTURAL AND BIOLOGICAL ENGINEERING																									2	2	1	8	5	5
APPLIED SCIENCES-BASEL																										1	2	1	1	7	7	4
OCEAN ENGINEERING																		1		3	1		1	2	1	1	2	7	2	2
JOURNAL OF INTELLGENT & ROBOTIC SYSTEMS																		1		3	1	1		1	2	1	2	1	2	3	1	2	4	2
ROBOTICS AND AUTONOMOUS SYSTEMS											1								1	1	1	1	5	1	2	3	1	2
AUTONOMOUS ROBOTS								2				1		2	1			2	1	1	1	1	2	1	6
INDUSTRIAL ROBOT–THE INTERNATIONAL JOURNAL OF ROBOTICS RESEARCH AND APPLICATION															1					1	1	4	1	3	1	3
ADVANCED ROBOTICS								1				1	1	2	3	1			2	1	1	1	2	1

彩图 1-22 全球农业机器人领域高载文量期刊载文态势分布

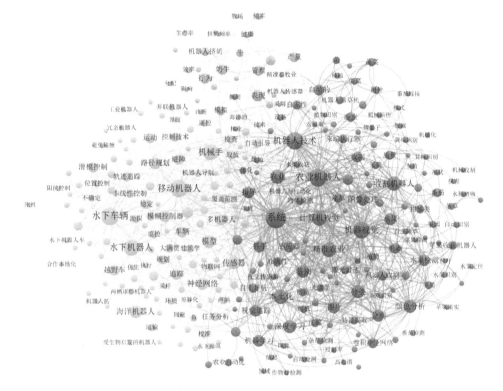

彩图 1-23　全球农业机器人领域关键词聚类图

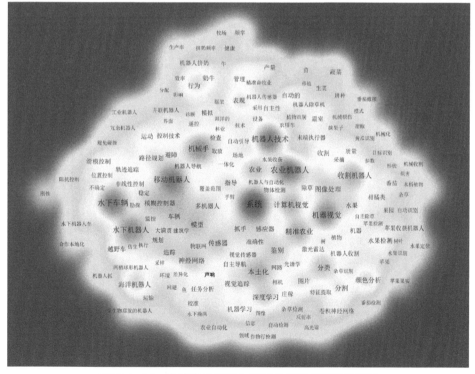

彩图 1-24　全球农业机器人领域关键词共现密度视图

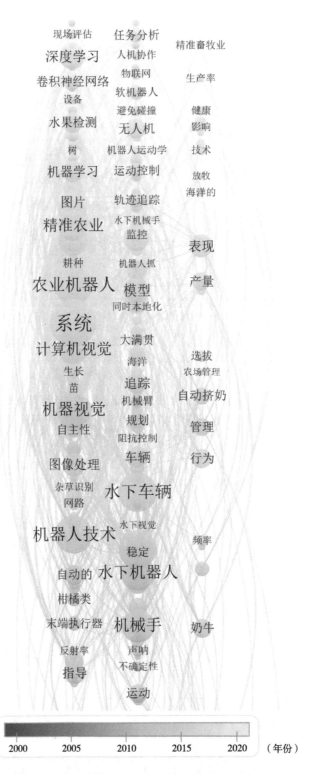

彩图1-25　全球农业机器人领域关键词时区视图

突现词	突显值	开始（年）	结束（年）	1995—2022年
奶牛	4.398 6	1996	2008	
水下车辆	4.797	1998	2003	
自适应控制	3.993 7	1998	2005	
自动化	3.906	2003	2013	
神经网络	4.718 2	2004	2013	
机器人	5.959 1	2007	2013	
机器人技术	3.837 6	2008	2010	
导航	3.878 9	2012	2016	
水下机器人	4.434 4	2012	2017	
设计	3.791 4	2018	2018	
本土化	5.849 5	2018	2019	
算法	4.800 3	2018	2018	
运动学	4.223 8	2018	2019	
水果检测	4.738 8	2019	2022	
卷积神经网络	3.951 2	2019	2020	
深度学习	6.799 4	2020	2020	
任务分析	5.604	2020	2020	

彩图 1-26　全球农业机器人领域基于 CiteSpace 突现词

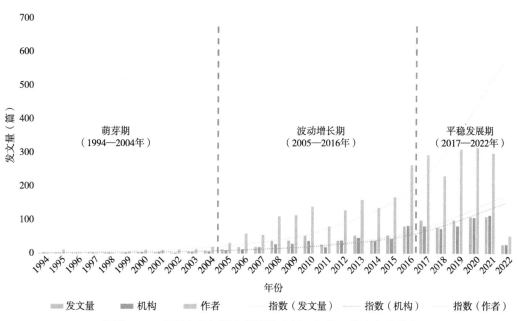

彩图 2-1　我国农业机器人领域发文量、机构、作者年度分布

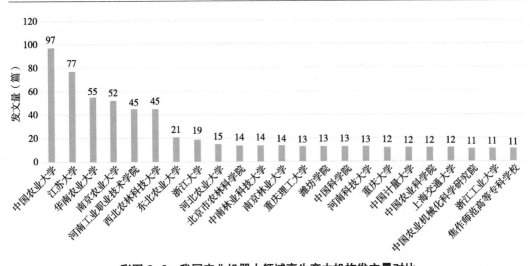

彩图 2-2 我国农业机器人领域高生产力机构发文量对比

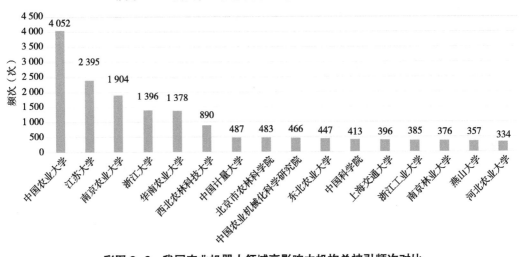

彩图 2-3 我国农业机器人领域高影响力机构总被引频次对比

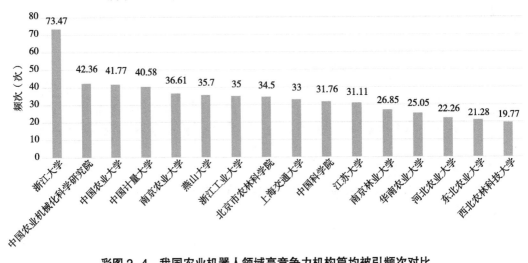

彩图 2-4 我国农业机器人领域高竞争力机构篇均被引频次对比

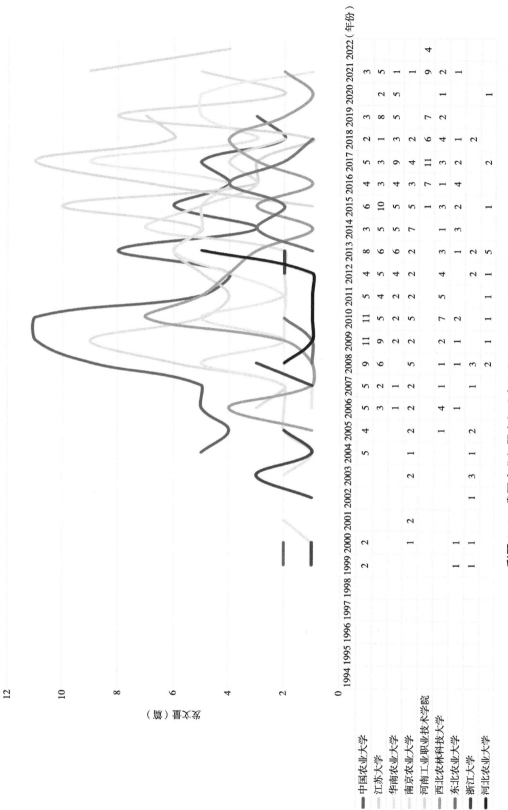

彩图 2-5　我国农业机器人领域高生产力机构发文态势分布

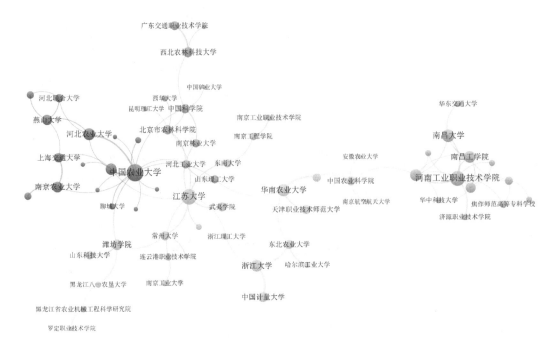

彩图 2-6　我国农业机器人领域机构合作关系网络

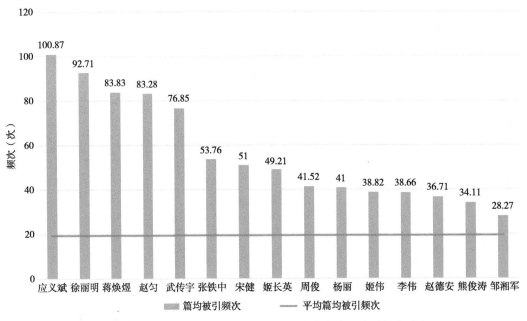

彩图 2-7　我国农业机器人领域高竞争力学者篇均被引频次对比

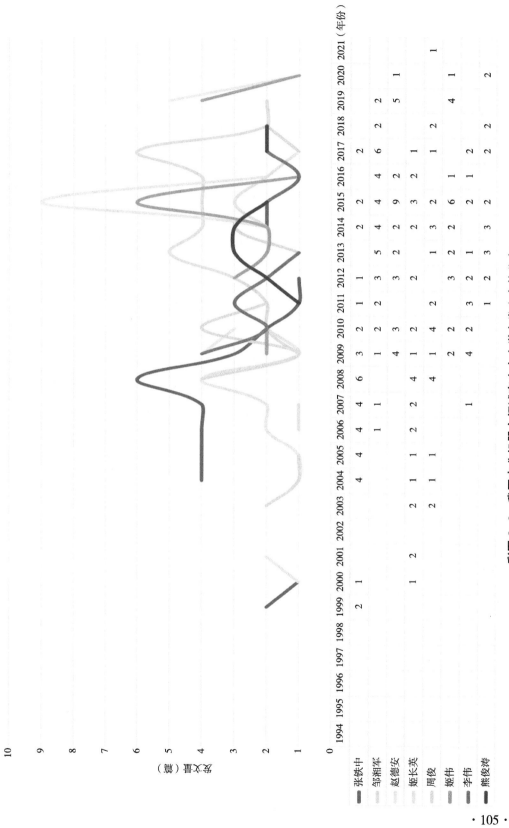

彩图 2-8　我国农业机器人领域高生产力学者发文态势分布

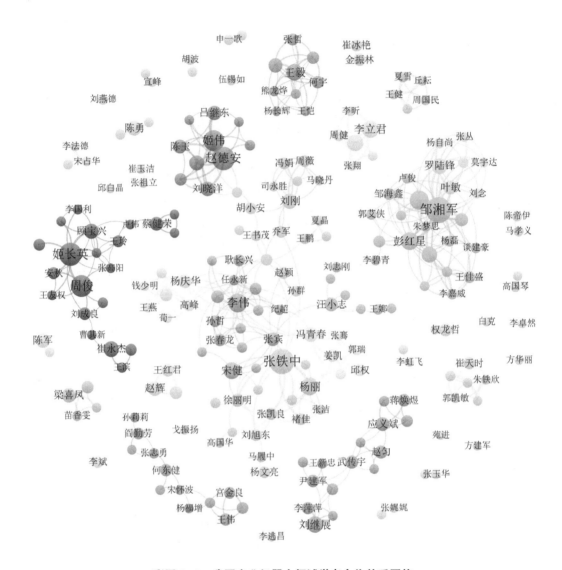

彩图 2-9　我国农业机器人领域学者合作关系网络

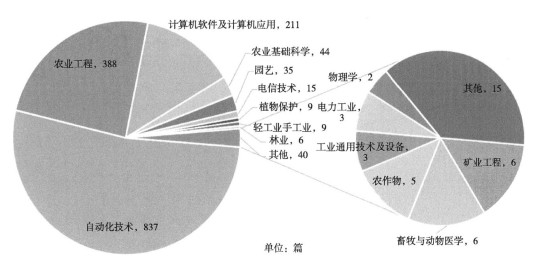

彩图 2-10　我国农业机器人领域学科发文量对比

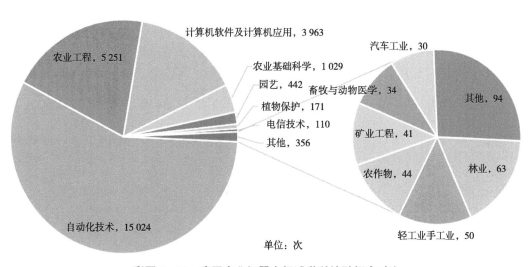

彩图 2-11　我国农业机器人领域学科被引频次对比

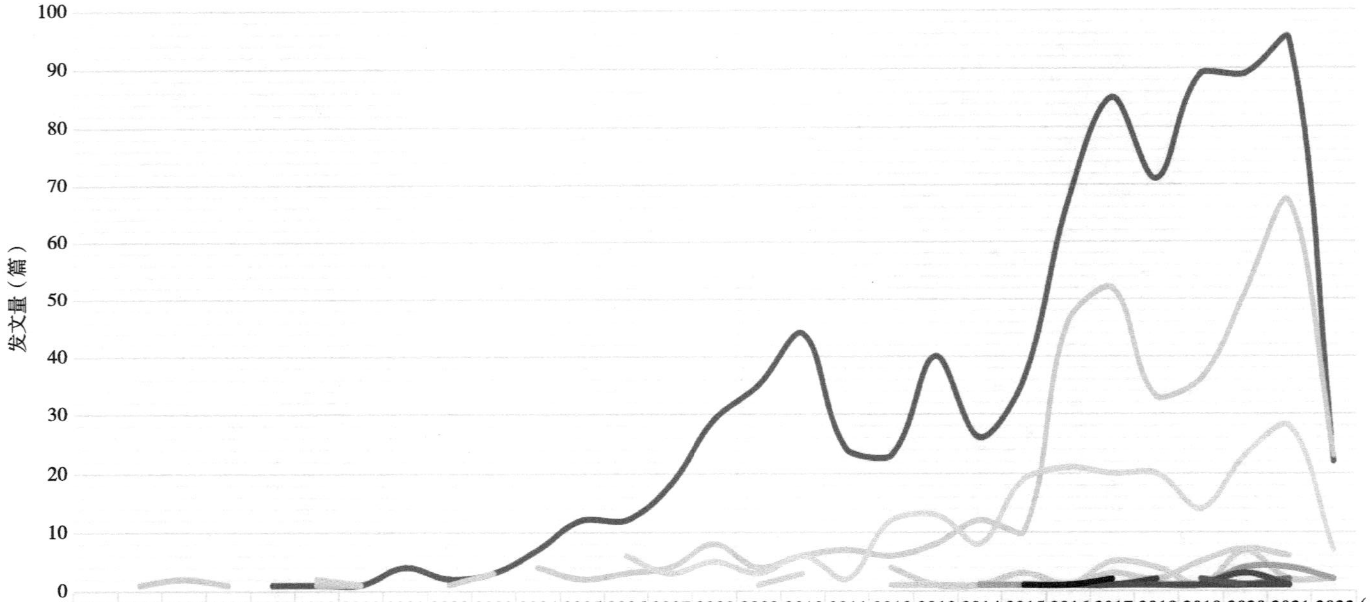

彩图 2-12　我国农业机器人领域高发文量学科发文态势分布

发文量（篇）

学科	1994	1995	1996	1997	1998	1999	2000	2001	2002	2003	2004	2005	2006	2007	2008	2009	2010	2011	2012	2013	2014	2015	2016	2017	2018	2019	2020	2021	2022
自动化技术		1	1	1	1		4	1	2	3	7	12	18	29	35	44	24	23	40	26	36	67	85	71	89	89	95		22
农业工程		1	2	1		1				4	2	2	3	4	8	6	7	6	8	12	10		46	52	33	36	51	67	23
计算机软件及计算机应用	1				1		1						6	3	5	6		2	2	13	8	19	21	20	20	14	23	28	7
农业基础科学	1					1			1				3			3		4	1	1		3	1	5	4	1	7	2	2
园艺		1				1			3							1			1	1	1	3		5	1	1	4	4	2
电信技术			2									1																	
轻工业手工业					1						1			1											1				
植物保护															1					1	1	1		1	2	1	1	2	
畜牧与动物医学																	1					1	1	1	1	1	1		
矿业工程		1								1				1				1							2				
林业		1											1		1						1	1	1	2		1	3	1	1
农作物													1							1						2		1	1

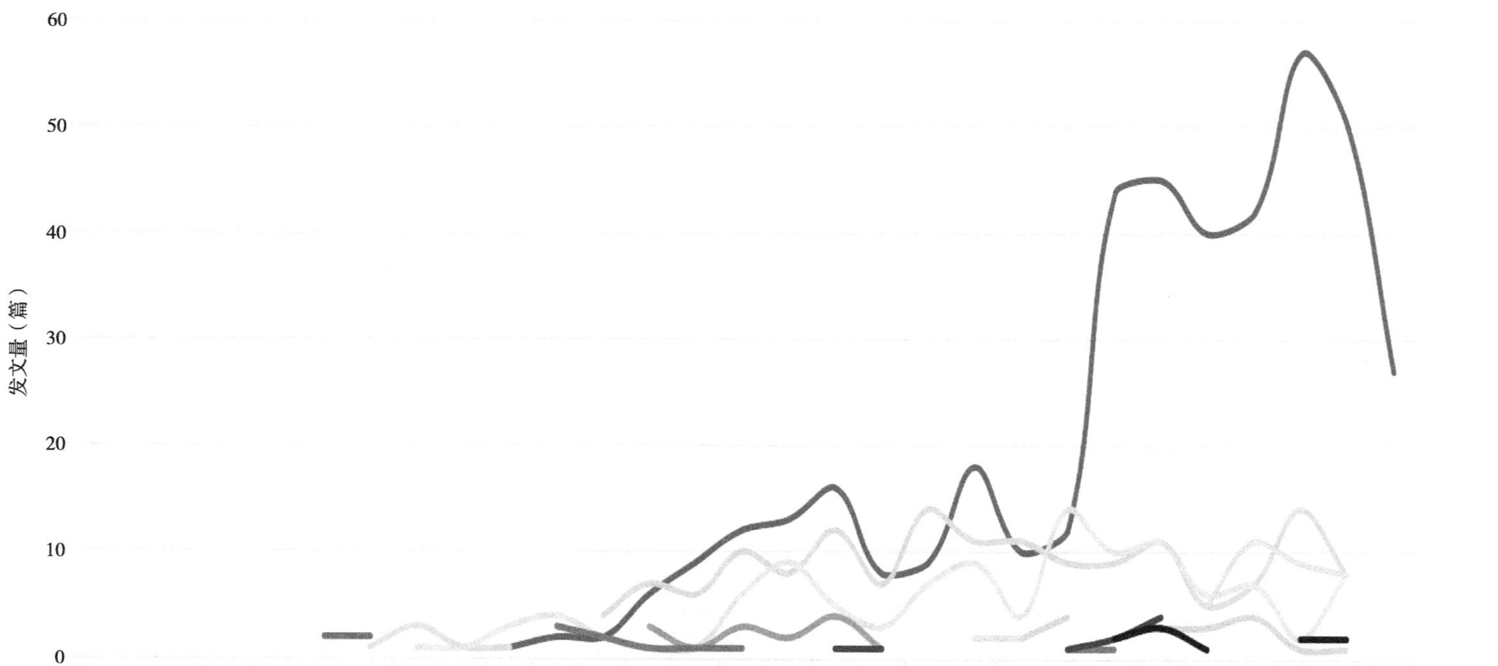

彩图 2-13　我国农业机器人领域高载文量期刊载文态势分布

纵轴：载文量（篇）　0　10　20　30　40　50　60

横轴（年份）：1994 1995 1996 1997 1998 1999 2000 2001 2002 2003 2004 2005 2006 2007 2008 2009 2010 2011 2012 2013 2014 2015 2016 2017 2018 2019 2020 2021 2022

期刊	1994	1995	2000	2001	2003	2004	2005	2006	2007	2008	2009	2010	2011	2012	2013	2014	2015	2016	2017	2018	2019	2020	2021	2022
农机化研究				1	1	2	2	6	9	12	13	16	8	9	18	10	12	44	45	40	42	57	50	27
农业机械学报	1		3	1	1	4	7	6	10	8	12	7	14	11	11	9	9	11	5	7	13	8		
农业工程学报		2	1	1	3	4	2	1	6	9	5	3	7	9	4	14	10	11	6	7	2	8		
中国农机化学报																2	2	2		5	11	9	8	
机床与液压						1				1	2				2	2	4	3			4	1		
安徽农业科学						3		1		3	2	4	2	1		4		3	3		1			
中国农业大学学报			2										1	1			1	1		1				
江苏农业科学			2	2									1	1				2	4			1		
华南农业大学学报															1			2	3	1	2		2	2

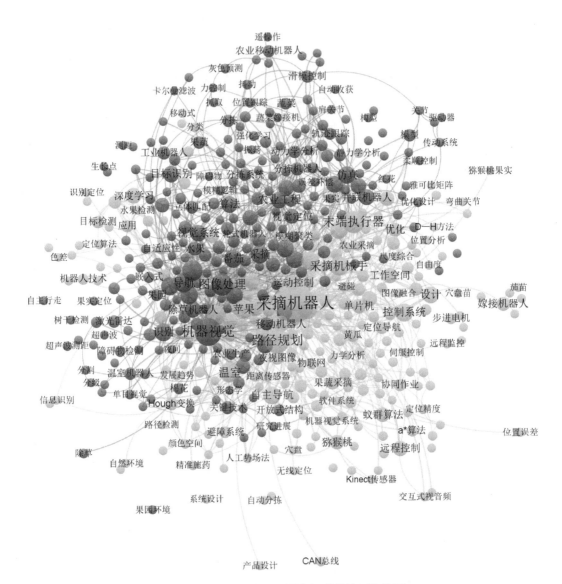

彩图 2-14 我国农业机器人领域关键词聚类图

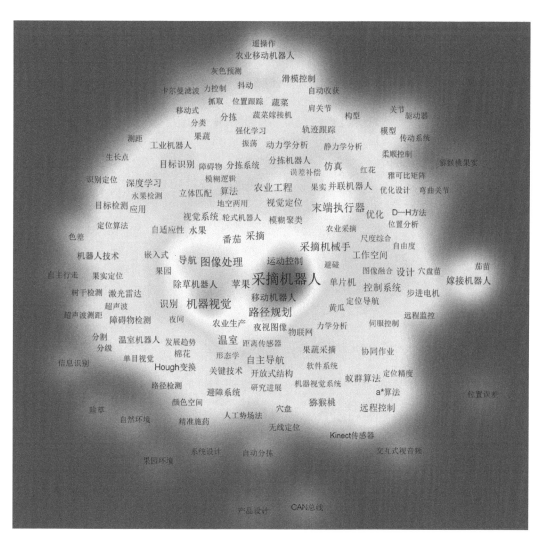

彩图 2-15　我国农业机器人领域关键词共现密度视图

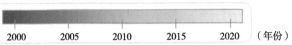

彩图 2-16　我国农业机器人领域关键词时区视图

突现词	突显值	开始（年）	结束（年）	1994—2022年
日光温室	6.07	1994	2006	
智能导航	5.91	1994	2005	
根系保护	5.91	1994	2005	
田间除草	5.4	1994	2005	
煤矸石分拣	5.4	1994	2005	
移动小车	5.3	1994	2003	
物体分拣	5.03	1994	2005	
场景理解	4.92	1994	2007	
创新设计	4.2	1994	2008	
动态分拣	4.19	1994	2007	
目标检测	4.1	1994	2003	
分拣规划	3.94	1994	2007	
农业工程	6.1	2003	2008	
机器视觉	6.1	2008	2012	
识别	4.17	2009	2015	
苹果	4.75	2010	2013	
定位	4.24	2013	2017	
图像分割	4.2	2013	2018	
算法	5.52	2015	2017	
路径规划	8.06	2016	2021	
避障	5.25	2017	2021	
神经网路	4.32	2018	2022	
深度学习	6.27	2019	2021	

彩图 2-17　我国农业机器人领域基于 CiteSpace 突现词

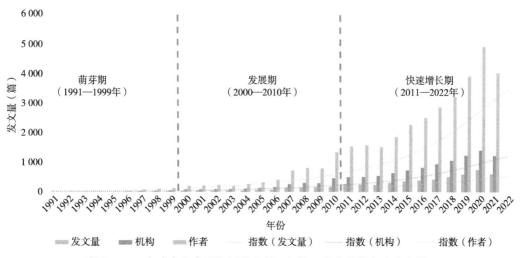

彩图 3-1　全球农业表型领域发文量、机构、作者数量年度分布情况

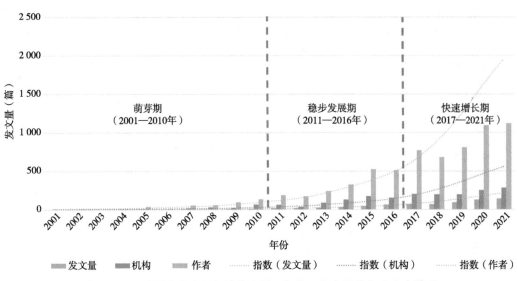

彩图 3-2　我国农业表型领域发文量、机构、作者数量年度分布情况

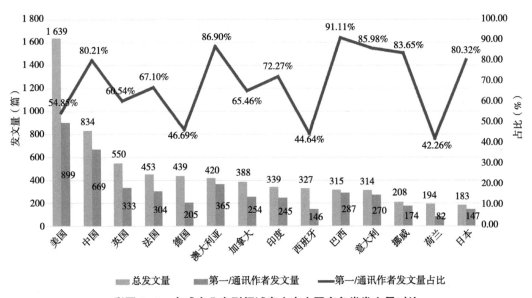

彩图 3-3　全球农业表型领域高生产力国家各类发文量对比

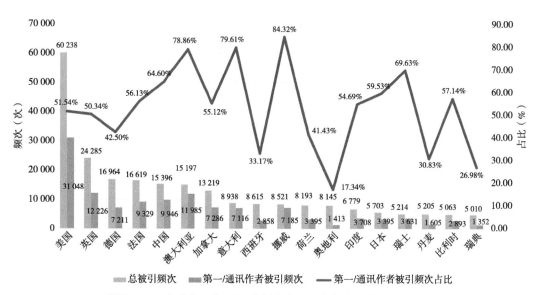

彩图 3-4　全球农业表型领域高影响力国家各类总被引频次对比

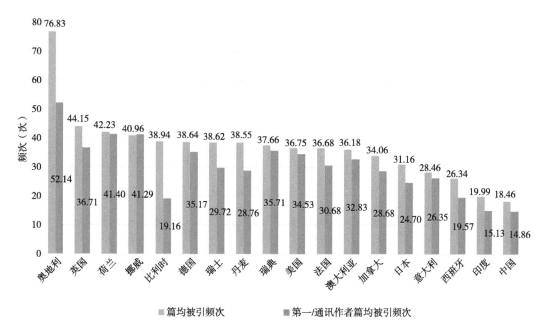

彩图 3-5　全球农业表型领域高竞争力国家各类篇均被引频次对比

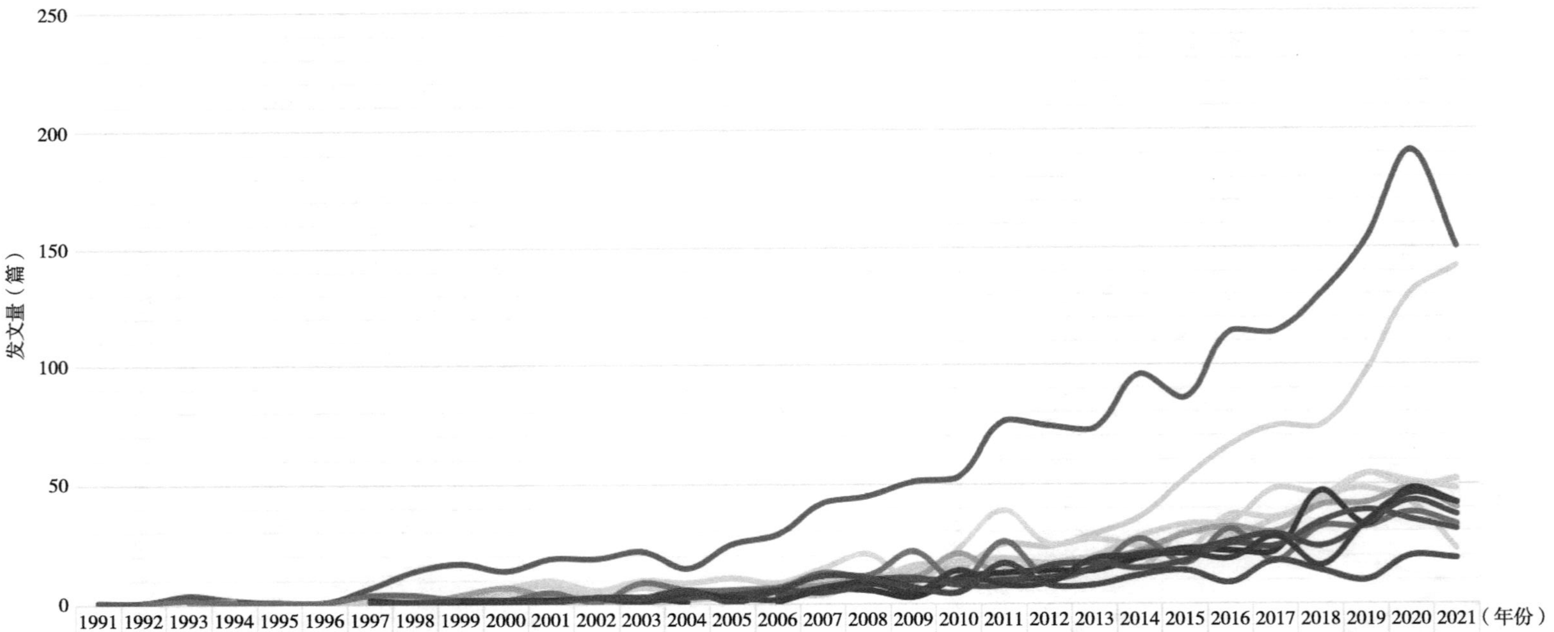

年份	1991	1992	1993	1994	1995	1996	1997	1998	1999	2000	2001	2002	2003	2004	2005	2006	2007	2008	2009	2010	2011	2012	2013	2014	2015	2016	2017	2018	2019	2020	2021
美国	1	1	4	2	1	1	7	14	17	14	19	19	22	15	25	29	42	45	51	53	76	74	73	96	86	114	114	130	153	191	150
中国			3		1							1	1	2	3	2	9	9	15	15	25	24	29	36	52	66	74	74	97	131	142
英国	1			1		1	4	2	3	7	10	6	10	9	11	9	15	21	9	23	39	25	27	24	22	37	36	44	54	51	48
法国						1	1	3		6	8	3	2	6	5	7	10	9	16	17	19	17	20	28	33	34	48	46	48	42	23
德国	1			1					2	5	4	3	7	5	5	5	4	11	13	18	15	17	19	15	30	28	35	41	54	49	52
澳大利亚				1	1		1	1	4	7	3	2	1	4	6	7	8	11	11	21	12	16	18	22	29	32	30	41	42	48	40
加拿大			1	2			4	4	2	2	5	1	9	6	6	7	13	12	22	9	26	11	15	27	17	31	18	32	32	38	33
印度		1	2	1	1	1	2	1	1	2	2	3	3	1		1	6	6	3	11	13	14	14	19	23	22	22	47	33	48	42
西班牙									2	2	1			3	4	6	5	8	10	10	10	11	15	21	22	26	29	24	33	43	37
巴西					1		2			5		1	2	4		4	7	10	11	8	8	16	17	15	18	25	24	34	39	35	31
意大利								1	2		1	3	1	5	3	2	7	11	5	14	8	9	19	20	21	19	28	16	34	46	42
挪威	1				1		1	1		1	1	3	3	6	1	6	12		7	5	17	8	8	12	14	9	18	14	10	20	19

彩图 3-6 全球农业表型领域高生产力国家发文态势分布

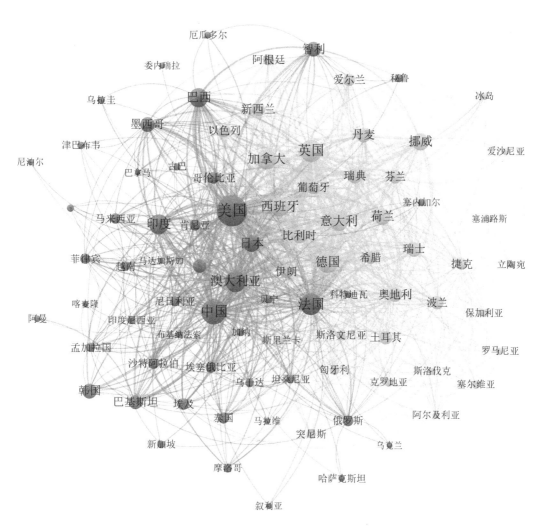

彩图 3-7 全球农业表型领域国家合作关系网络

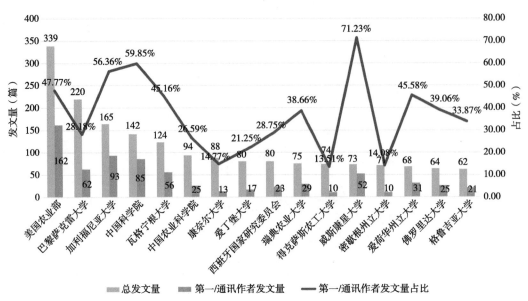

彩图 3-8　全球农业表型领域高生产力机构各类发文量对比

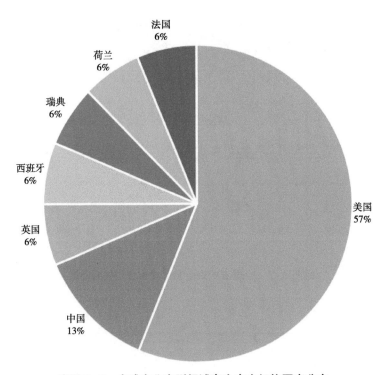

彩图 3-9　全球农业表型领域高生产力机构国家分布

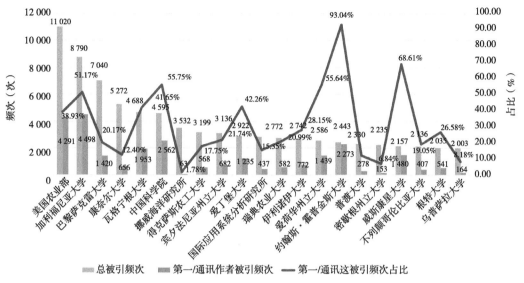

彩图 3-10　全球农业表型领域高影响力机构各类总被引频次对比

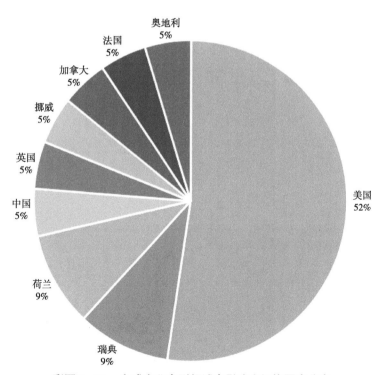

彩图 3-11　全球农业表型领域高影响力机构国家分布

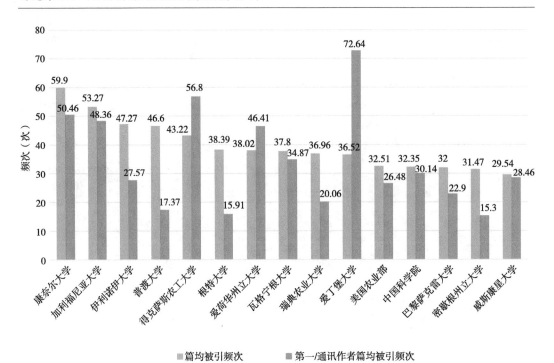

彩图 3-12　全球农业表型领域高竞争力机构各类篇均被引频次对比

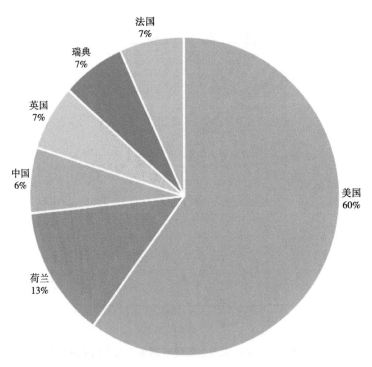

彩图 3-13　全球农业表型领域高竞争力机构国家分布

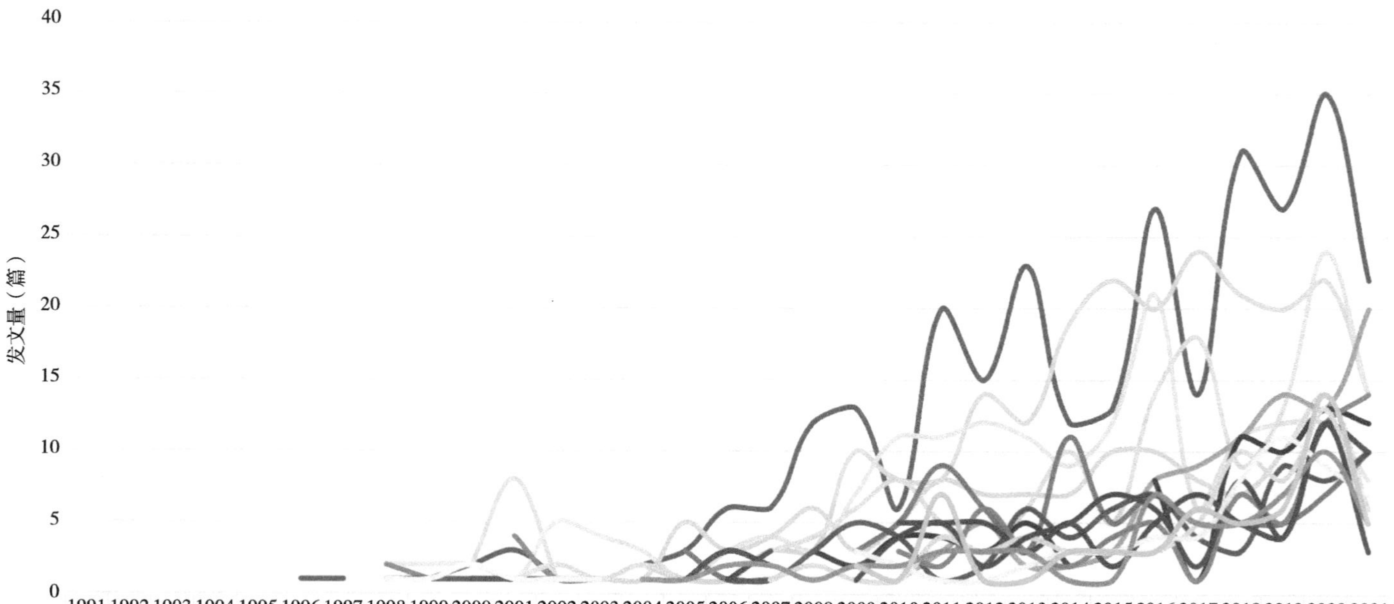

	1991	1992	1993	1994	1995	1996	1997	1998	1999	2000	2001	2002	2003	2004	2005	2006	2007	2008	2009	2010	2011	2012	2013	2014	2015	2016	2017	2018	2019	2020	2021（年份）
美国农业部		1				1	1		1	2	3	1		2	3	6	6	12	13	6	20	15	23	12	13	27	14	31	27	35	22
巴黎萨克雷大学										2	8	1		3	1	1	3	3	10	8	8	14	12	19	22	20	24	21	20	22	14
加利福尼亚大学								2	2	2	1	5	4	3	1	3	4	3	7	11	11	12	11	9	12	21	6	11	12	12	8
中国科学院												1			1		3	4	6	8	5	3	6	10	5	14	18	9	13	24	14
瓦格宁根大学											2		1	1	5	3	4	6	3	5	8	7	7	7	10	10	8	7	10	14	6
中国农业科学院																1		1		1	3	5	2	2	3	8	9	11	14	13	20
康奈尔大学		1								1					3	1	1		3	5	9	6	3	11	5	7	5	5	5	7	10
爱丁堡大学											1	1						3	2	4	4	3	5	2		8	1	11	10	13	12
西班牙国家研究委员会					1				1	1						1	1	3	5	5	1	2	6	4	6	7	4	3	9	8	10
瑞典农业大学								2	1		4	4	1			2		1		3	2	6	3	2	4	5	1	7	5	12	14
得克萨斯农工大学								1		1	1				1	3	2			5	5	5	3	5	2	5	7	5	4	12	10
威斯康星大学									2		1	2	1	2	1		1	2	1	1	4	3	4	3	3	3	5	10	8	13	3
密歇根州立大学								1	1			1	1			1	3		1	4	5	2	4	5	7	6	2	8	4	12	3
爱荷华州立大学						1		1	1	2	1	1	1		2				3	2	1	1	2	3	3	4	4	8	11	9	7
佛罗里达大学									1		2			1	1	2	2	1	2	2	3	3	3	1	1	7	5	5	7	10	5
格鲁吉亚大学			1		1							1		1			1		2	1	7	1	1	3	3	3	6	5	6	14	5

彩图 3-14　全球农业表型领域高生产力机构发文态势分布

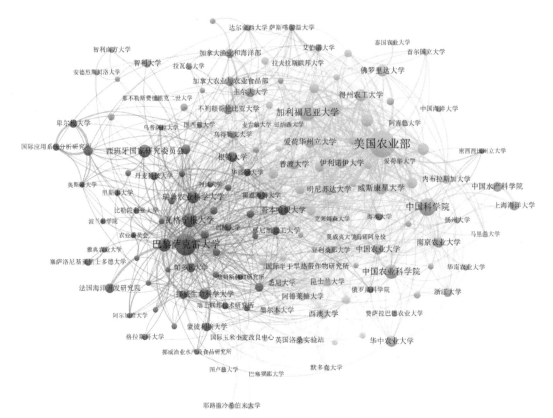

彩图 3-15　全球农业表型领域机构合作关系网络

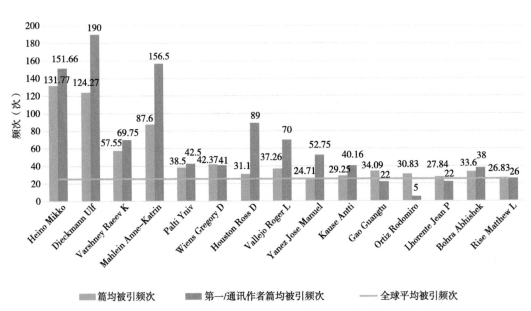

彩图 3-16　全球农业表型领域高竞争力学者各类篇均被引频次对比

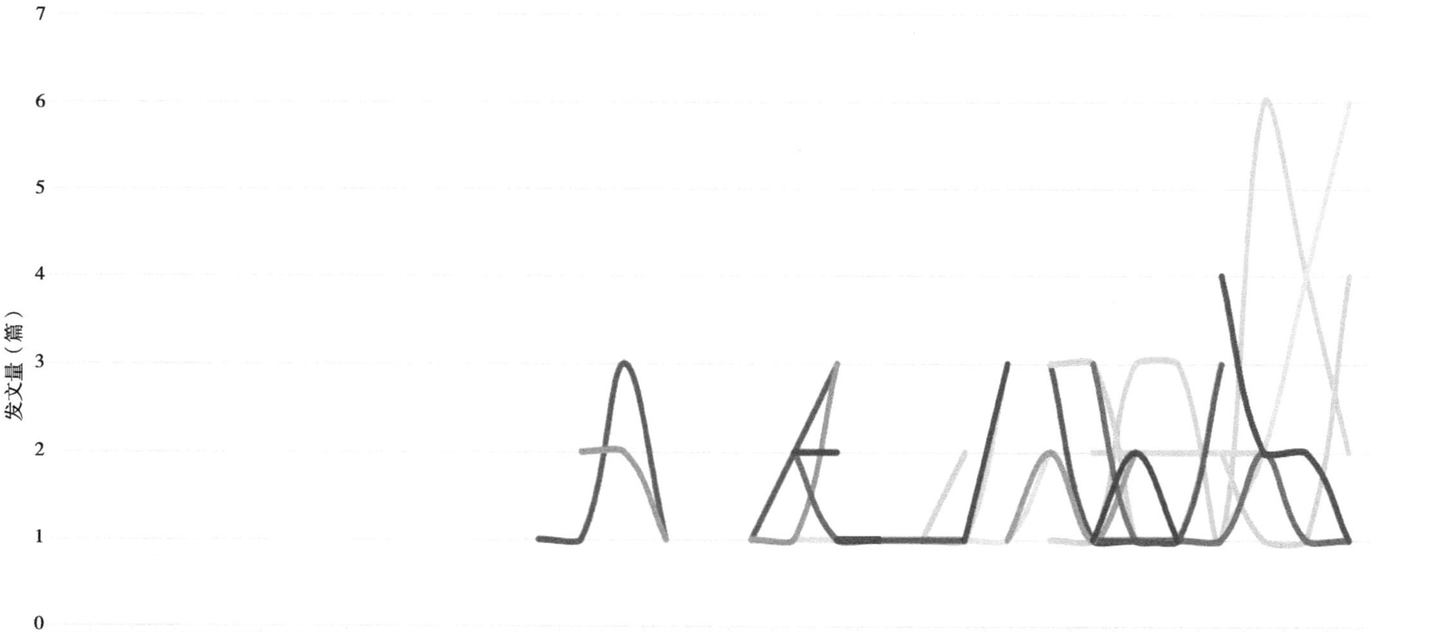

彩图 3-17　全球农业表型领域高生产力学者发文态势分布

论文量（篇）

1991 1992 1993 1994 1995 1996 1997 1998 1999 2000 2001 2002 2003 2004 2005 2006 2007 2008 2009 2010 2011 2012 2013 2014 2015 2016 2017 2018 2019 2020 2021（年份）

Heino Mikko
Yanez Jose Manuel
Houston Ross D
Palti Yniv
Varshney Rajeev K
Dieckmann Ulf
Wiens Gregory D
Kause Antti
Vandeputte Marc
Vallejo Roger L

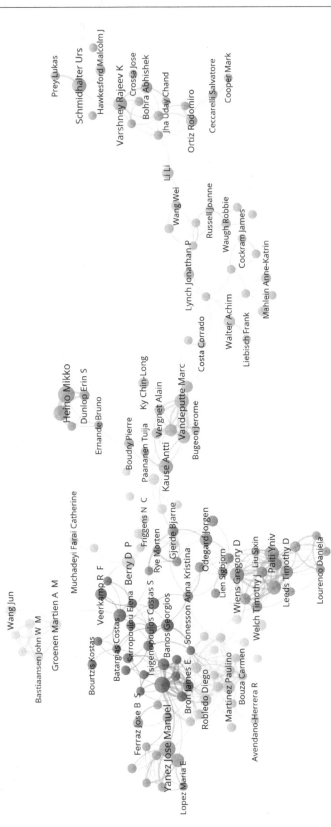

彩图 3-18　全球农业表型领域学者合作关系网络

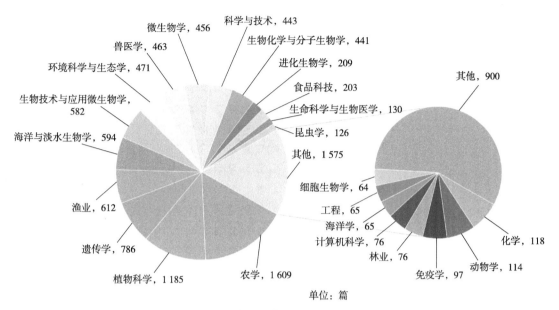

单位：篇

彩图 3-19　全球农业表型领域学科发文量对比

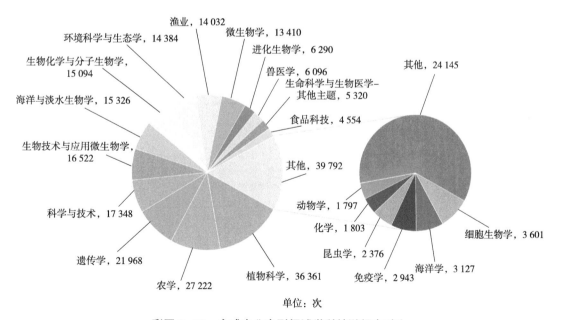

单位：次

彩图 3-20　全球农业表型领域学科被引频次对比

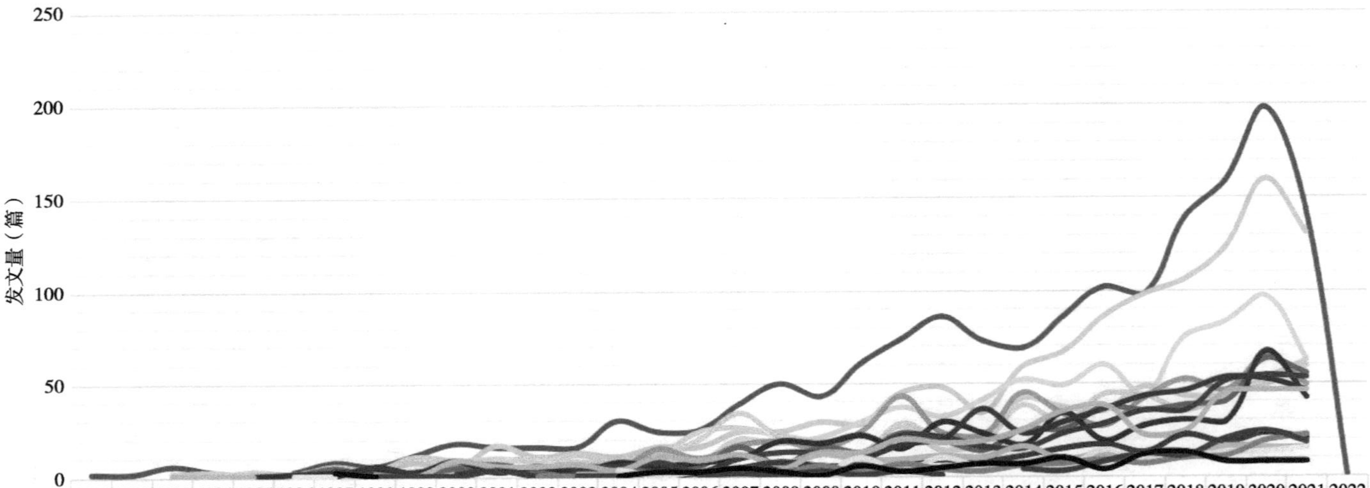

文献量（篇）

（年份）

学科 \ 年份	1991	1992	1993	1994	1995	1996	1997	1998	1999	2000	2001	2002	2003	2004	2005	2006	2007	2008	2009	2010	2011	2012	2013	2014	2015	2016	2017	2018	2019	2020	2021	2022
农学	2	2	6	3	8	3	8	6	12	18	16	16	16	30	25	24	39	50	43	61	74	86	73	69	86	102	98	139	159	198	143	1
植物科学		2	3	1	1	2	1	2	4	8	5	17	11	13	11	16	16	24	24	29	28	45	48	34	59	67	86	98	106	123	160	131
遗传学				1	3	1	2	2	4	4	8	3	6	2	8	8	20	18	21	29	37	32	41	52	49	60	43	75	83	97	63	
渔业	1			2	1	2	5	6	11	4	10	9	12	9	24	8	26	22	18	11	27	14	18	42	37	35	48	43	43	52	62	
海洋与淡水生物学	1	1	2	1	2	4	6	4	11	6	8	11	4	9	12	24	34	21	17	13	28	20	19	38	28	44	43	35	43	49	59	
生物技术与应用微生物学	1	1	1			5	5	5	11	7	7	3	5	5	20	10	17	19	15	24	43	23	22	45	33	27	42	52	40	64	49	
环境科学与生态学	1	1	1		1	3	2	3	3	5	4	4	6	5	4	6	10	6	16	13	23	19	14	25	37	35	30	40	63	67	55	
兽医学	2	2			2		5	4		9	9	6	3	5	6	8	10	19	18	22	15	29	23	17	34	19	35	30	29	54	42	
微生物学	1			2		4	3	3	4	2	2	5	6	6	8	8	10	13	13	12	22	21	16	15	29	28	35	35	51	52	53	
科学与技术		1		1	1	1	6	6	2	1	4	4	7	4	11	9	12	7	13	13	20	18	25	23	36	38	43	45	53	46	46	
生物化学与分子生物学	1						2	2	1			2			4	2	5	8	6	9	9	9	11	11	15	17	13	23	18	23	20	
食品科技	1						1		3	3			2	2	1	1	1	4	12	10	3	11	16	16	9	12	10	10	16	15	15	
进化生物学						1	1	5	1		1			4	3	3	2	1	2	3	7	5	5	6	4	14	9	11	12	13	15	
生命科学与生物医学			1		1	1		1	1		1		1	1	1	3	5	3	3	10	7	4	3	6	7	9	7	10	11	11	22	
昆虫学						2				1	4	6	6	1	3	1	1	1	1	3	3	1	4	3	3	8	12	11	20	8	8	
化学		1						1	1	1		2	1	1	1	3	2	3	6	1	3	5	7	4	3	8	12	11	13	24	18	
动物学		1		1		3	1					1	1	1	3	3	5	3	3	6	3	5	7	7	10	4	12	13	8	8	8	

农学　植物科学　遗传学　渔业　海洋与淡水生物学　生物技术与应用微生物学　环境科学与生态学　兽医学　微生物学　科学与技术　生物化学与分子生物学　食品科技　进化生物学　生命科学与生物医学　昆虫学　化学　动物学

彩图 3-21　全球农业表型领域高发文量学科发文态势分布

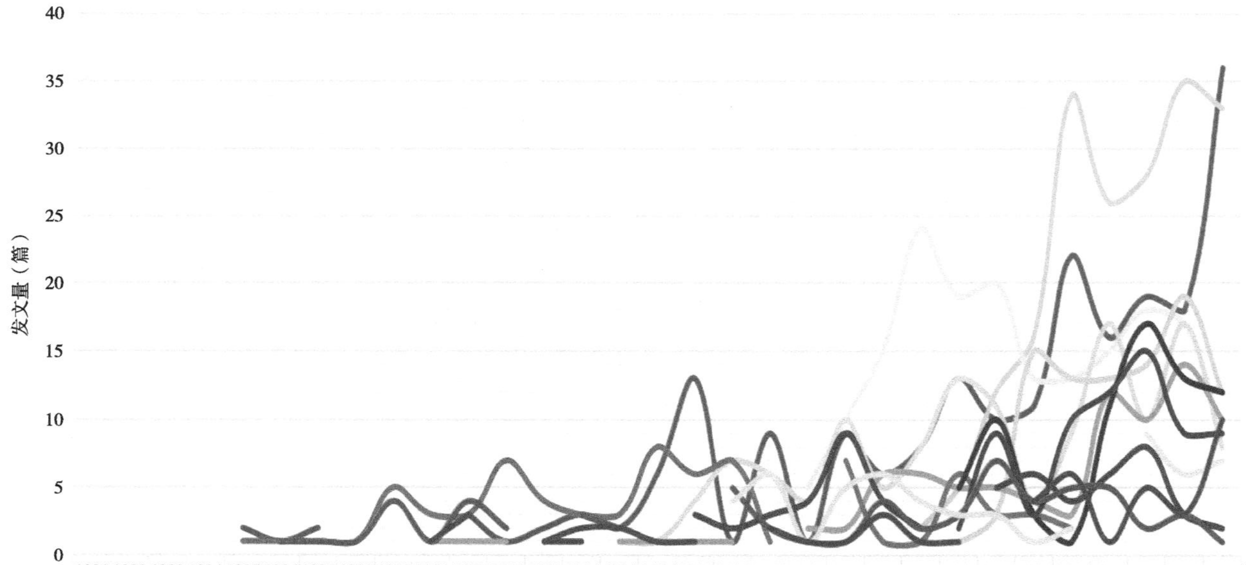

	1991	1992	1993	1994	1995	1996	1997	1998	1999	2000	2001	2002	2003	2004	2005	2006	2007	2008	2009	2010	2011	2012	2013	2014	2015	2016	2017	2018	2019	2020	2021（年份）
AQUACULTURE	1				2	1	2		2		3	1		3	2	6	13	1	9	1	6	8	13	10	11	22	16	19	18	36
FRONTIERS IN PLANT SCIENCE																						2	5	12	16	34	26	28	35	33
PLOS ONE																			5	10	15	24	19	20	13	13	15	18	17	9
BMC GENOMICS															1	1	4	7	6	4	5	8	13	11	4	9	17	10	17	8
SCIENTIFIC REPORTS																							1	3	15	13	13	14	19	12
JOURNAL OF DAIRY SCIENCE							1			1	1	1		1	1	1	1	1	2	6	2	6	5	5	4	3	12	10	14	10
JOURNAL OF FISH BIOLOGY				1	1	1	1	5	3	7	4		3	8	6	7	1	7	1	6	3	3	2	1						
FRONTIERS IN GENETICS																						5	10	3	1	11	17	13	12
FRONTIERS IN MICROBIOLOGY																				1		2	9	3	10	12	15	9	9
JOURNAL OF ANIMAL SCIENCE				1				3	1	1			1		3	2	3	4	9	2	4	5	6	4	6	8	3	2
EUPHYTICA			1	1	1		4	1	4	2		3	2			5	2	1	1	4	3	7	4	5	5	2	3	1
EVOLUTIONNARY APPLICATIONS																	4	6	1	5	6	4	3	3	1	2	9	6	7
THEORETICAL AND APPLIED GENETICS	1						1	1	3	1		1		2	2	1	2	1	3	1	1	1	1	4		6	1	5	3	10

彩图 3-22　全球农业表型领域高载文量期刊载文态势分布

文献量（篇）

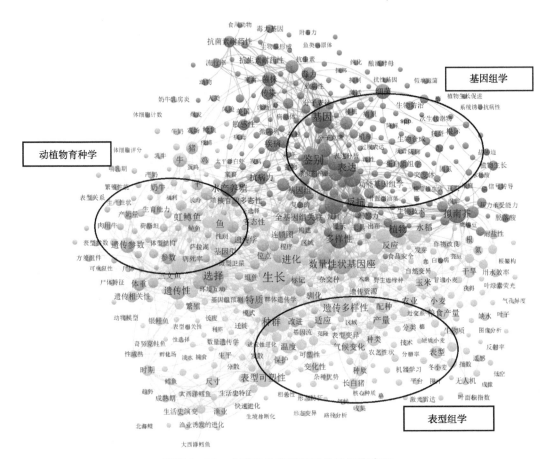

彩图 3-23　全球农业表型领域关键词聚类图

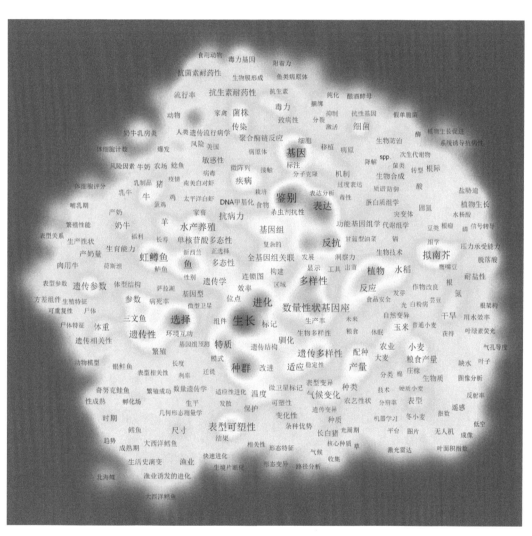

彩图 3-24　全球农业表型领域关键词共现密度视图

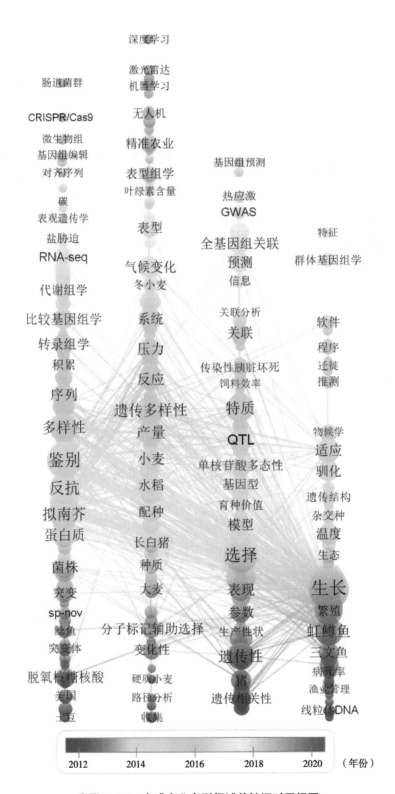

彩图 3-25　全球农业表型领域关键词时区视图

突现词	突显值	开始（年）	结束（年）	1991—2022年
DNA	7.74	1991	2013	
遗传相关性	8.73	1992	2009	
乳牛	7.56	1996	2008	
生产力	8.27	1999	2010	
模型	7.87	1999	2011	
链接地图	8.56	2000	2012	
渔业	10.65	2001	2009	
生物工程	7.17	2001	2011	
功能基因组学	11.23	2003	2011	
基因	7.79	2003	2011	
成熟期	6.97	2003	2007	
生命史演变	7.63	2004	2009	
反应规范	7.32	2004	2008	
分子标记	8.31	2005	2011	
鳟鱼	10	2006	2014	
权重	8.4	2006	2013	
虹鳟鱼	7.29	2006	2011	
单核苷酸多态性	9.74	2007	2014	
线粒体DNA	7.89	2007	2009	
微阵列	10.23	2008	2013	
微型卫星	8.36	2008	2013	
三文鱼	11.61	2011	2014	
遗传参数	10.33	2011	2015	
尺寸	8.06	2013	2015	
非生物胁迫	7.54	2014	2018	
气候变化	10.47	2015	2022	
牛	6.79	2015	2016	
转录组	12.93	2016	2017	
标记	10.07	2016	2017	
表型	27.41	2017	2022	
系统	14.21	2017	2022	
代谢	12.54	2017	2018	
基因改良	6.84	2017	2017	
基因组选择	25.04	2018	2022	
预测	21.77	2018	2022	
耐受	19.21	2018	2020	
农业	16.22	2018	2022	
应激	11.07	2018	2022	
小麦	10.84	2018	2022	
表型组学	8.09	2018	2018	
种质	7.12	2018	2018	
机制	6.83	2018	2018	
干旱	13.52	2019	2020	
反应	9.77	2019	2022	
驯化	9.23	2019	2020	
致病力	8.13	2019	2020	
基因组	8.11	2019	2020	
特征	7.68	2019	2019	
比较基因组学	10.94	2020	2022	
农作物	10.35	2020	2020	
传染	8.79	2020	2020	
参数	7.8	2020	2022	
病菌	7.1	2020	2022	
抗微生物药物耐药性	9.96	2021	2022	
氮	8.38	2021	2022	
机器学习	7.56	2021	2022	
植物生长	6.93	2021	2022	
育种	6.92	2021	2022	

彩图 3-26　全球农业表型领域基于 CiteSpace 突现词

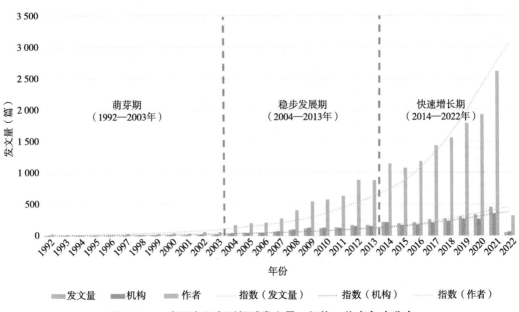

彩图 4-1　我国农业表型领域发文量、机构、作者年度分布

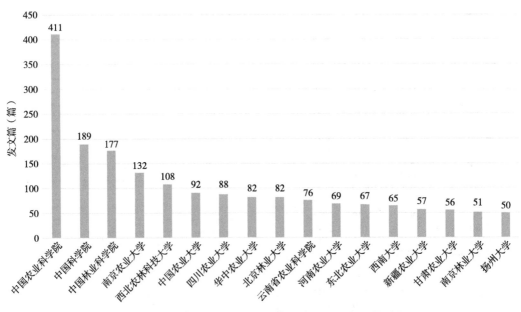

彩图 4-2　我国农业表型领域高生产力机构发文量对比

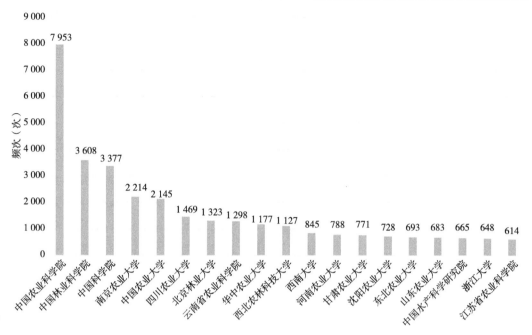

彩图 4-3　我国农业表型领域高影响力机构总被引频次

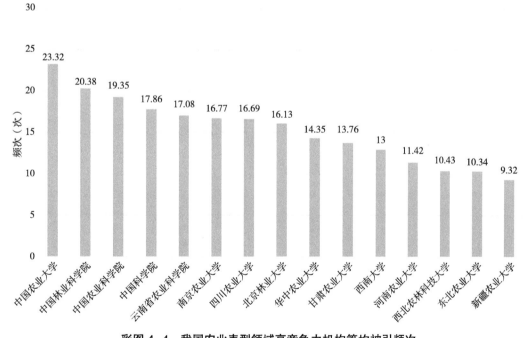

彩图 4-4　我国农业表型领域高竞争力机构篇均被引频次

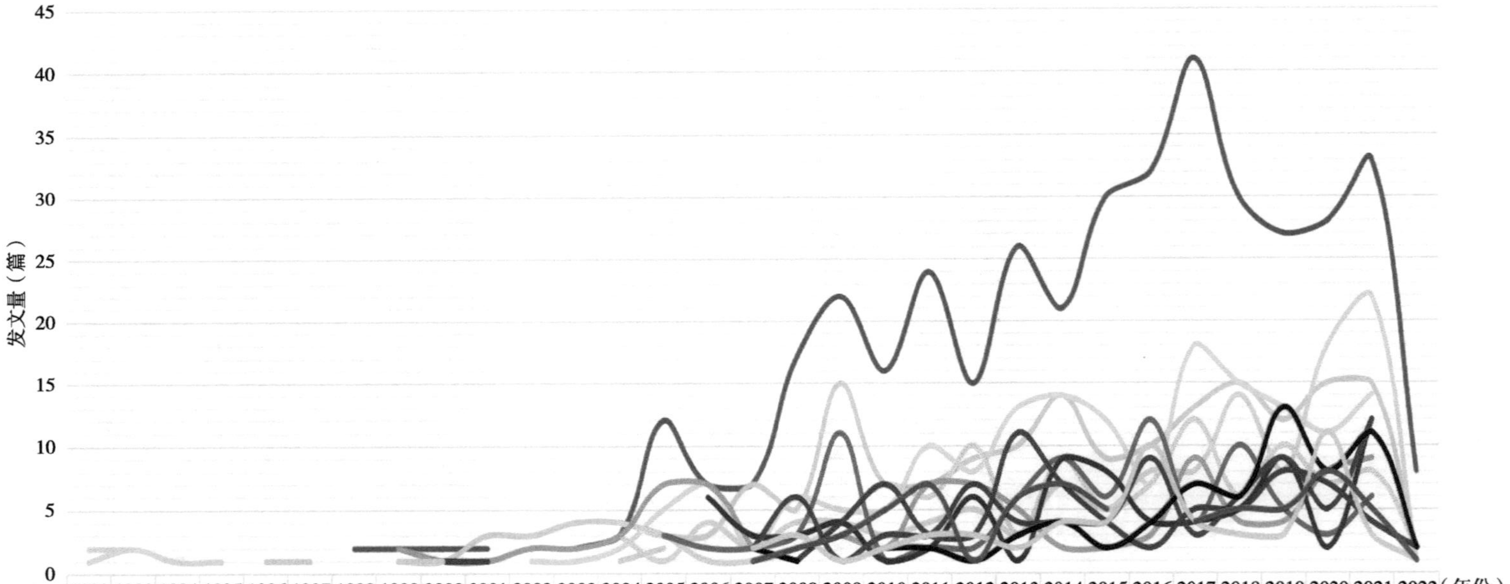

机构	1992	1993	1994	1995	1996	1997	1998	1999	2000	2001	2002	2003	2004	2005	2006	2007	2008	2009	2010	2011	2012	2013	2014	2015	2016	2017	2018	2019	2020	2021	2022
中国农业科学院	1					1		2	2	2	2	3	12	7	7	17	22	16	24	15	26	21	30	32	41	30	27	28	33	15	8
中国科学院			2			1			1	3	4	4	3	3	7	5	15	7	7	9	8	10	14	9	10	13	15	12	15	15	1
中国林业科学院	1		1						1		1	2	5	7	2	6	5	5	10	8	13	14	12	7	18	18	14	13	11	14	1
南京农业大学	2		2				1					3	1	4	2	4	4	3	4	5	7	3	7	5	8	18	14	8	18	22	1
西北农林科技大学	2		2						3		3	3	3	1	1	2	2	4	3	10	5	9	9	5	7	12	6	10	7	8	2
中国农业大学												4		7		2	3	2	7	10	7	5	2	3	9	9	4	4	7	9	
四川农业大学								2				7		7		2	3	1	2	7	2	6	6	6	12	9	10	5	3	6	2
华中农业大学					1			2	1				3	2	3	3	3	1	2	2	6	1	9	6	12	4	5	9	2	12	
北京林业大学										2				6		2	4	3	3	6	7	4	9	8	4	3	6	9	5	5	
云南省农业科学院	1								1					1		1	1		7	3	3	14	7	4	5	5	5	8	7	4	2
河南农业大学					1									2		2	1	2	2	1	3	3	4	2	4	7	6	13	8	11	2
东北农业大学					1			1	1			1				2	3	3	3	3	2	2	4	4	10	4	3	3	11	3	1
西南大学					1							2				1	2	5	7	1	6	6	7	5	4	5	5	5	5	5	1

彩图4-5 我国农业表型领域高生产力机构发文态势分布

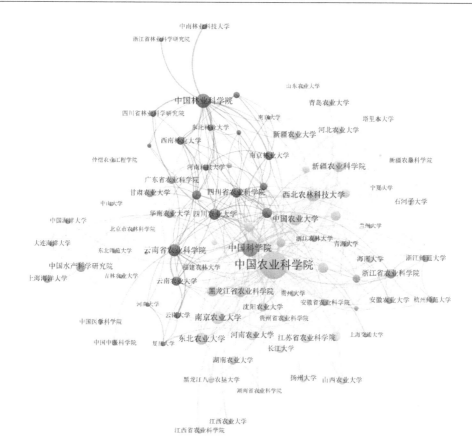

彩图4-6 我国农业表型领域机构合作关系网络

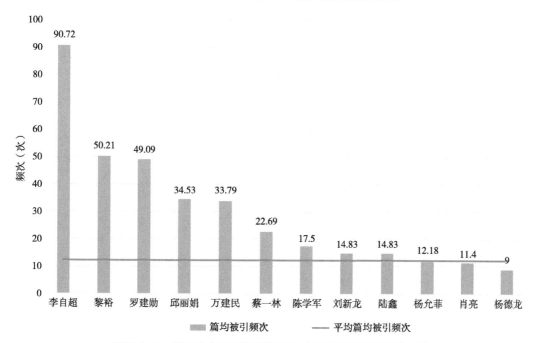

彩图4-7 我国农业表型领域高竞争力学者篇均被引频次对比

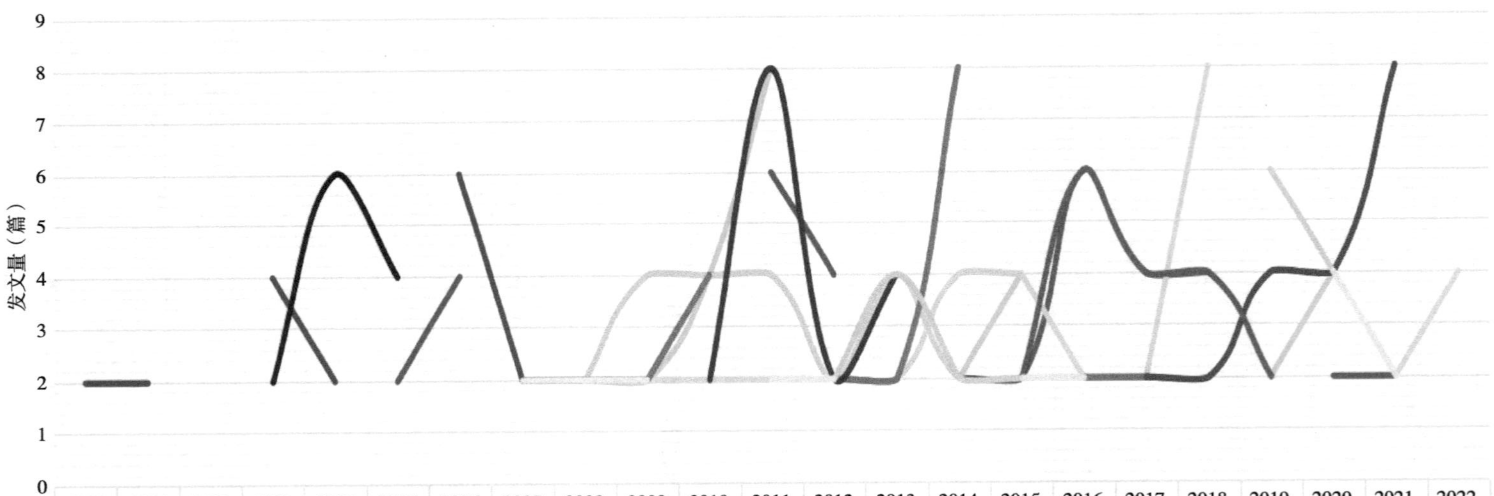

彩图4-8 我国农业表型领域高生产力学者发文态势分布

	2000	2001	2002	2003	2004	2005	2006	2007	2008	2009	2010	2011	2012	2013	2014	2015	2016	2017	2018	2019	2020	2021	2022
万建民						2	4	2	2	2	4	6	4		2	2	6	4	4		2	2	
黎裕					4			4	2	2	2	8		4	2	4	2	4		2	4		
邱丽娟					2	4		4		2	2	2	2	4	4	4	2	2	8	2	4	2	4
杨德龙									2				2	2	4	4		2	8	4		2	
蔡一林									2	4	4	4	2	4	8	2		2			2	2	
陆鑫										2	4		2	2	8		2	2			2		
刘新龙									2	2	4	2	2	2	8		2	2		2	2		
杨允菲								2	2		2	8	2	4									
李自超	2	2		4	2		6	2						2							2		
罗建勋				2	6	4			2	2		2		2	2							4	
胡文静													2	4	2	2		2	2	4	4	8	
肖亮													2	4	4		6	4	4	6	4	2	
蔡年辉								2	2			2	2		2	2	6	4	4	2	4	2	
陈学军									2							2	2				4	2	2

·136·

彩图 4-9　我国农业表型领域学者合作关系网络

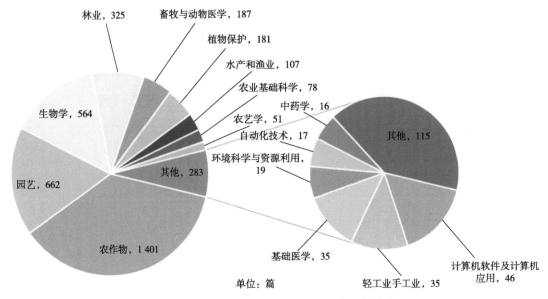

彩图 4-10　我国农业表型领域学科发文量对比

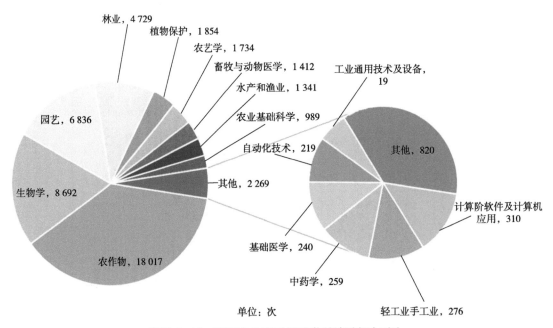

彩图 4-11　我国农业表型领域学科被引频次对比

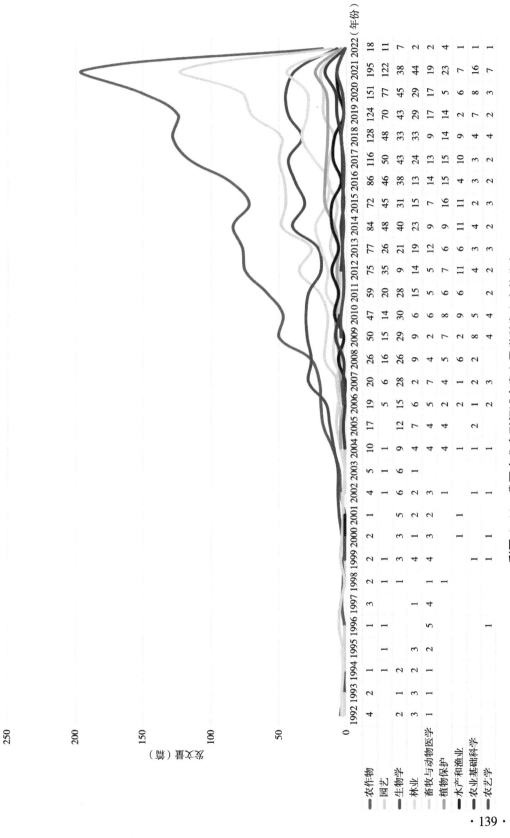

彩图 4-12　我国农业表型领域高发文量学科发文态势分布

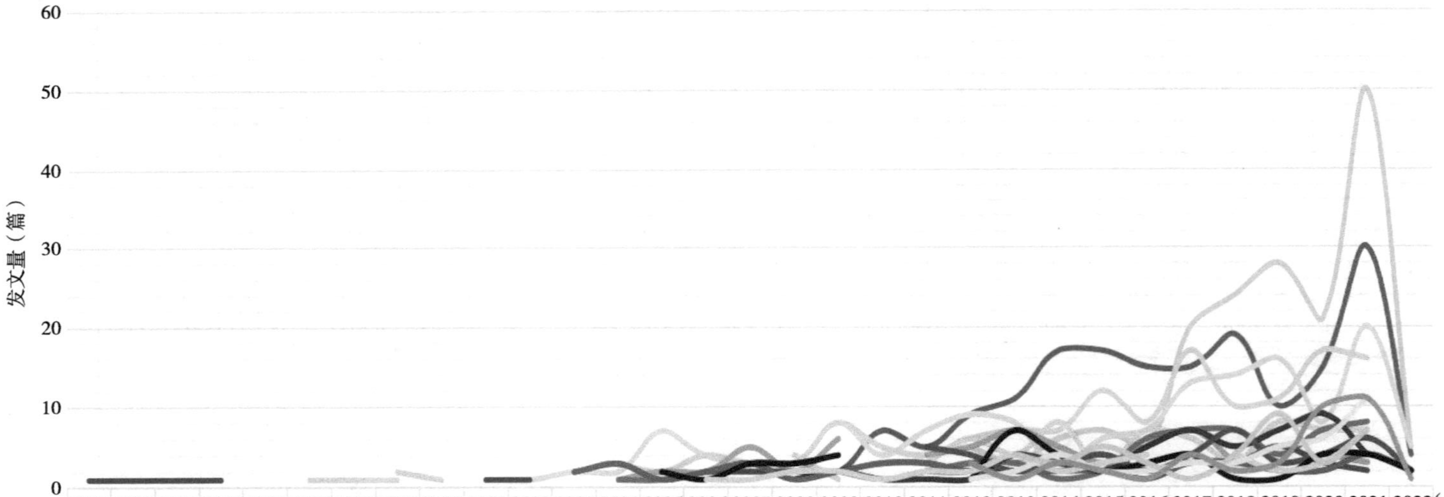

纵轴：载文量（篇）：0、10、20、30、40、50、60

横轴（年份）：1992 1993 1994 1995 1996 1997 1998 1999 2000 2001 2002 2003 2004 2005 2006 2007 2008 2009 2010 2011 2012 2013 2014 2015 2016 2017 2018 2019 2020 2021 2022（年份）

图例（期刊）：
- 植物遗传资源学报
- 分子植物育种
- 作物学报
- 中国农业科学
- 园艺学报
- 西北植物学报
- 麦类作物学报
- 西南农业学报
- 林业科学研究
- 遗传
- 核农学报
- 中国水稻科学
- 华北农学报
- 种子
- 北方园艺
- 热带作物学报

彩图 4-13　我国农业表型领域高载文量期刊载文态势分布

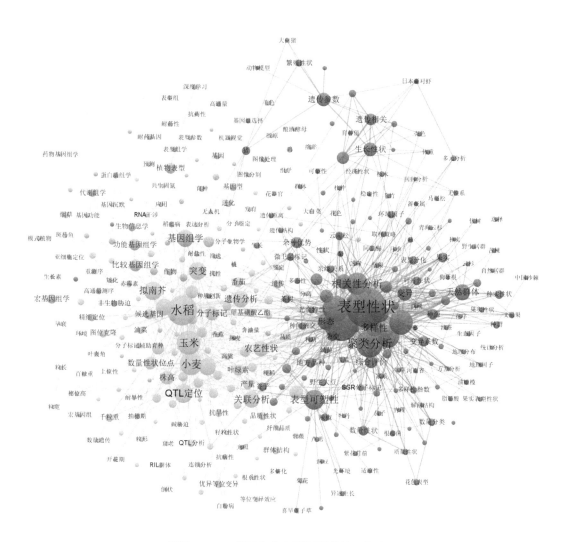

彩图 4-14　我国农业表型领域关键词聚类图

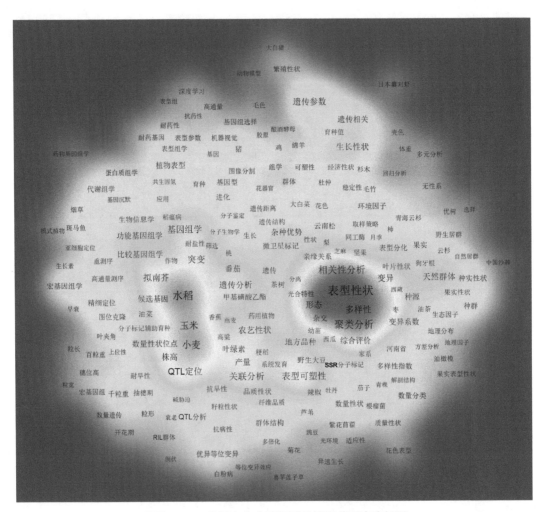

彩图4-15 我国农业表型领域关键词共现密度视图

彩图 4-16　我国农业表型领域关键词时区视图

突现词	突显值	开始（年）	结束（年）	1991—2022（年）
藤本月季	7.11	1992	2007	
酸枣	6.02	1992	2007	
传粉者	5.93	1992	2006	
关联作图	5.92	1992	2004	
健康宰猪	5.86	1992	2005	
质量性状	5.66	1992	2004	
两性植株	5.66	1992	2010	
中华蜜蜂	5.51	1992	2010	
冬瓜	5.51	1992	2004	
兰属	5.51	1992	2004	
切根	5.39	1992	2003	
pH	5.31	1992	2009	
分离规律	5.2	1992	2003	
低温胁迫	5.18	1992	2006	
加性	5.01	1992	2003	
数量性状	4.92	1992	2007	
北美海棠	4.88	1992	2003	
建兰	4.68	1992	2005	
功能性状	4.64	1992	2003	
秋茄	4.45	1992	2005	
羊草	4.45	1992	2005	
刺槐	4.26	1992	2003	
RAPD	4.7	1998	2011	
天然群体	12.31	2005	2011	
SRAP	4.37	2006	2013	
遗传转化	4.33	2008	2016	
拟南芥	9.06	2009	2017	
变异	8.53	2011	2017	
果实	6.25	2011	2016	
干旱胁迫	4.9	2011	2019	
长牡蛎	4.76	2012	2018	
基因型	4.37	2012	2018	
种源	4.34	2012	2014	
遗传力	5.31	2016	2018	
植物表型	4.51	2016	2021	
穗部性状	4.41	2016	2020	
云南松	4.27	2016	2020	
SNP	4.11	2016	2021	
玉米	5.64	2017	2019	
番茄	4.13	2017	2022	
产量	5.8	2018	2020	
表型鉴定	5.43	2018	2022	
谷子	4.93	2018	2020	
深度学习	5.24	2019	2021	

彩图 4-17 我国农业表型领域基于 CiteSpace 突现词

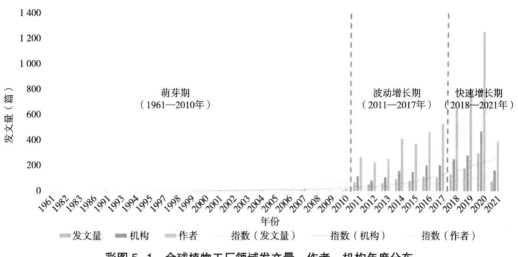

彩图 5-1　全球植物工厂领域发文量、作者、机构年度分布

彩图 5-2　我国植物工厂领域发文量、机构、作者年度分布

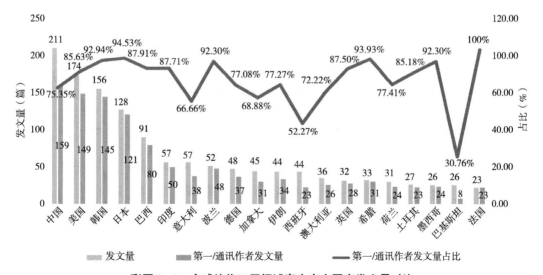

彩图 5-3　全球植物工厂领域高生产力国家发文量对比

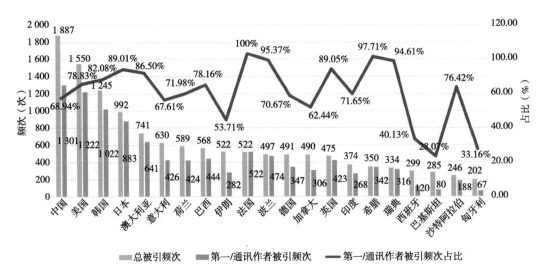

彩图5-4　全球植物工厂领域高影响力国家各类总被引频次对比

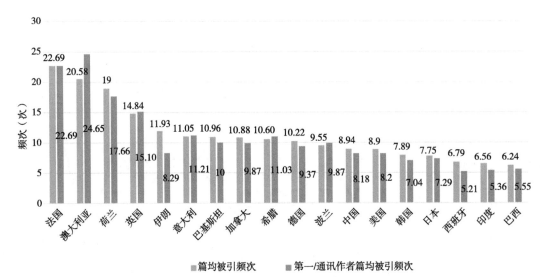

彩图5-5　全球植物工厂领域高竞争力国家各类篇均被引频次对比

	1961	1982	1983	1986	1991	1993	1994	1995	1997	1998	1999	2000	2001	2002	2003	2004	2005	2006	2007	2008	2009	2010	2011	2012	2013	2014	2015	2016	2017	2018	2019	2020	2021（年份）
中国																1		1		2			6	5	6	11	11	12	16	30	31	63	16
美国						1				1							1		1				8	9	5	8	13	15	11	21	30	42	8
韩国																2						1	7	4	14	14	12	24	18	11	15	28	6
日本		1				1		1			2		2						2			2	1	6	4	16	7	15	9	19	13	21	3
巴西																							14	5	7	4	5	2	8	13	8	18	7
意大利																							2	3	3	6	3		3	2	12	16	7
印度							1																3	1	2	5	4	8	2	5	4	15	7
波兰																							3	2	1	5		6	1	4	5	18	5
德国																							1	3	1	3	3	3	5	5	9	14	1
加拿大			1						1							1							3	2	1	5	2		6	4	6	10	3
伊朗														1									4	5	3	5	6	1	4	3	3	5	4
西班牙																			1		1			2	2		2	3	4	4	8	13	4
澳大利亚					1																		4	5	3	2	3	2	3	3	4	4	
希腊																							1	1	2		2	5	3	3	4	8	4
英国				2																		1	1		2	1	3	6	4	2	2	6	2
荷兰												1	1								1		1	1	1		2	1	7	1	1	1	1

彩图 5-6　全球植物工厂领域高生产力国家发文态势分布

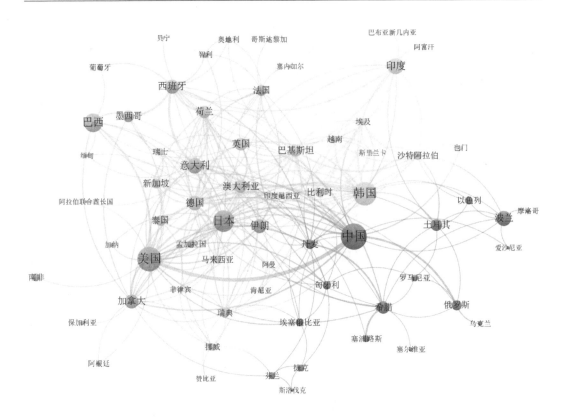

彩图 5-7   全球植物工厂领域国家合作关系网络图

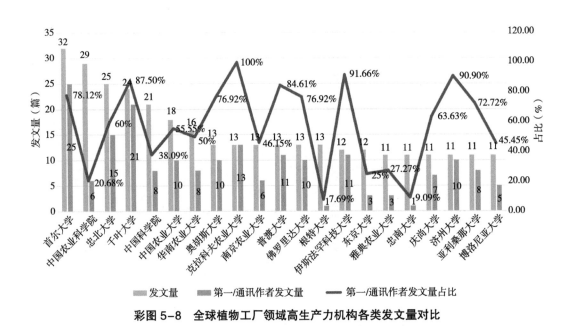

彩图 5-8   全球植物工厂领域高生产力机构各类发文量对比

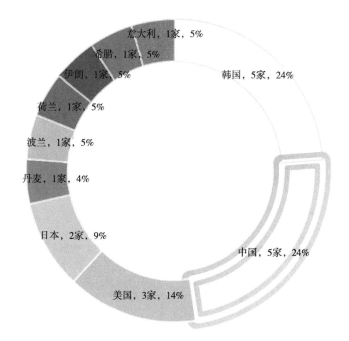

彩图 5-9　全球植物工厂领域高生产力机构国家分布

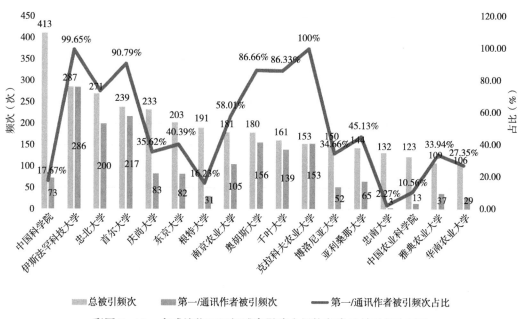

彩图 5-10　全球植物工厂领域高影响力机构各类总被引频次对比

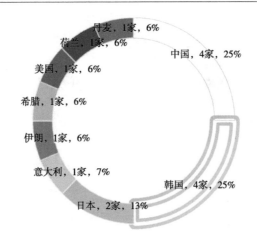

彩图 5-11　全球植物工厂领域高影响力机构国家分布

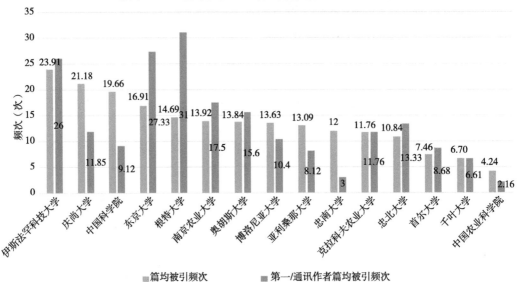

彩图 5-12　全球植物工厂领域高竞争力机构各类篇均被引频次对比

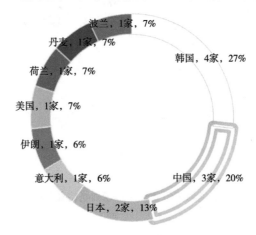

彩图 5-13　全球植物工厂领域高竞争力机构国家分布

彩图 5-14　全球植物工厂领域高生产力机构发文态势分布

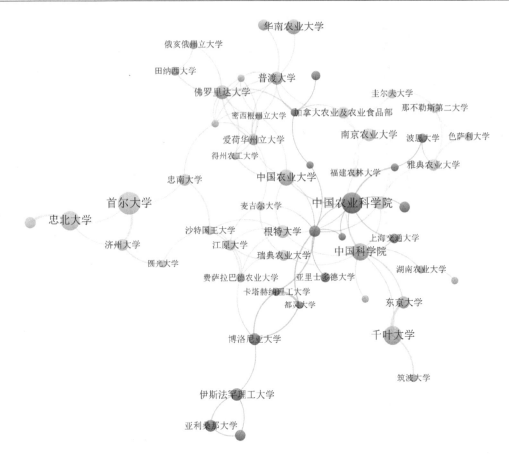

彩图 5-15　全球植物工厂领域机构合作关系网络

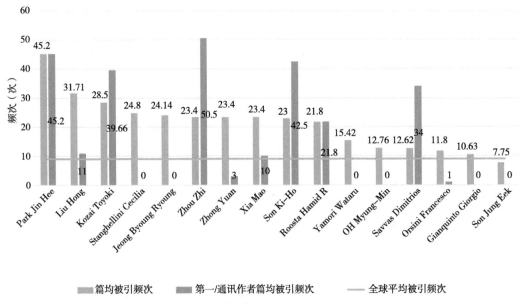

彩图 5-16　全球植物工厂领域高竞争力学者各类篇均被引频次对比

发文量（篇）

8
7
6
5
4
3
2
1
0

1961 1982 1983 1986 1991 1993 1994 1995 1997 1998 1999 2000 2001 2002 2003 2004 2005 2006 2007 2008 2009 2010 2011 2012 2013 2014 2015 2016 2017 2018 2019 2020 2021（年份）

Oh Myung-Min
Son Jung Eek
Gianquinto Giorgio
Yang Qichang
Orsini Francesco
Cho Young Yeol
Zha Lingyan
Lu Na
Park Kyoung Sub
Lee Yong-Beom
Savvas Dimitrios
Liu Wenke
Takagaki Michiko
He Dongxian
Son Ki-Ho
Maboko Martin Makgose
Pennist Giuseppina
Liu Hong
Yamori Wataru
Jeong Byoung Ryoung

彩图 5-17　全球植物工厂领域高生产力学者发文态势分布

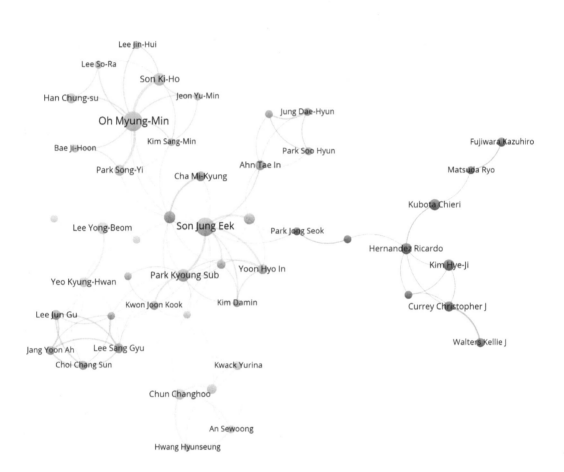

彩图 5-18　全球植物工厂领域学者合作关系网络

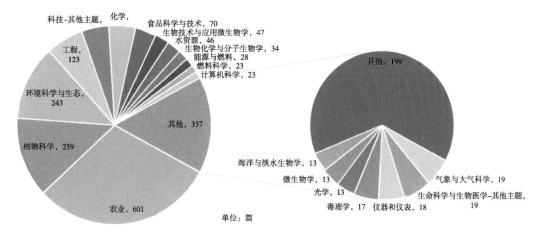

单位：篇

彩图 5-19　全球植物工厂领域学科发文量对比

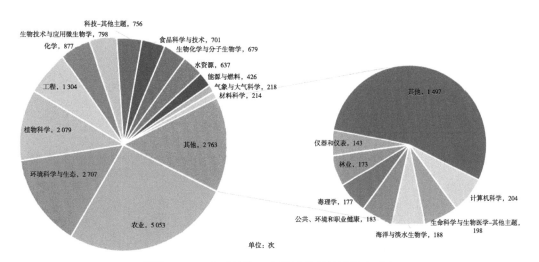

单位：次

彩图 5-20　全球植物工厂领域学科被引频次对比

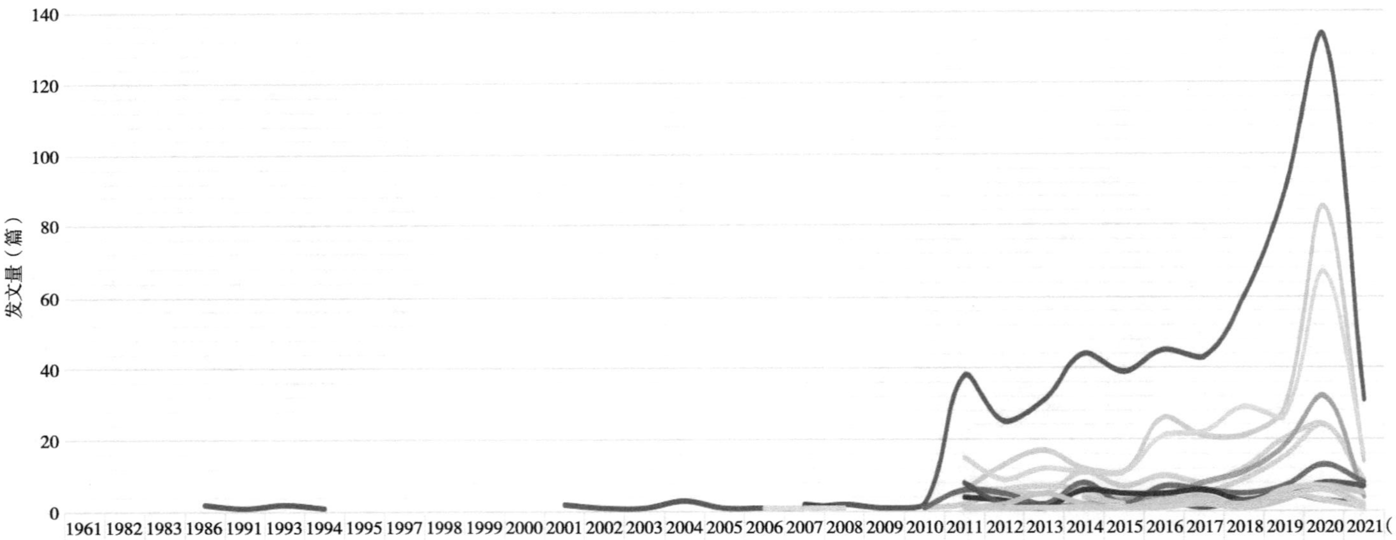

图中纵轴为"发文量(篇)"，刻度为 0、20、40、60、80、100、120、140；横轴为年份。

全球植物工厂领域高发文量学科发文态势分布（2011—2021 年主要数据）：

学科	2011	2012	2013	2014	2015	2016	2017	2018	2019	2020	2021
农业	38	25	31	44	39	45	43	60	88	133	31
植物科学	6	13	17	12	11	26	21	21	28	85	14
环境科学与生态	15	9	12	11	11	21	22	29	26	67	16
工程	6	6	5	11	7	10	8	12	20	24	9
化学	2	6	7	6	3	3	5	9	15	24	7
科技-其他主题		1	1	2	3	4	8	11	18	32	4
食品科学与技术	6	5	2	8	2	7	6	5	7	13	8
生物技术与应用微生物学	4	3	1	6	5	5	6	3	5	5	2
水资源	8	2	2		3	3	3	3	4	8	7
生物化学与分子生物学	1	2	1	1	4	2	4	1	3	7	5
能源与燃料	1	1	1	1	1	1	2	1	6	7	2
计算机科学	1	1	1	1	1	3	3	2	3	5	1
材料科学	1	1		2	4	1	2	1	1	6	1

彩图 5-21　全球植物工厂领域高发文量学科发文态势分布

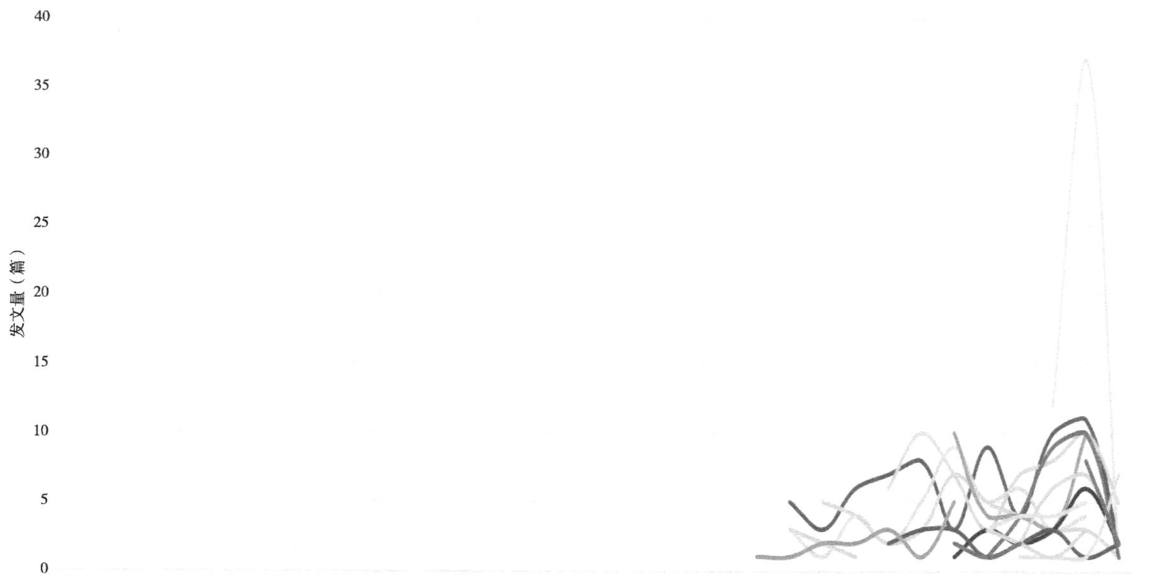

载文量（篇）

40
35
30
25
20
15
10
5
0

1961 1982 1983 1986 1991 1993 1994 1995 1997 1998 1999 2000 2001 2002 2003 2004 2005 2006 2007 2008 2009 2010 2011 2012 2013 2014 2015 2016 2017 2018 2019 2020 2021（年份）

HORTSCIENCE
SCIENTIA HORTICULTURAE
AGRONOMY-BASEL
HORTICULTURE ENVIRONMENT AND BIOTECHNOLOGY
JOURNAL OF PLANT NUTRITION
FRONTIERS IN PLANT SCIENCE
SUSTAINABILITY
SCIENCE OF THE TOTAL ENVIRONMENT
ENVIRONMRNTAL SCIENCE AND POLLUTION RESEARCH
HORTICULTURAE
HORTICULTURAL SCIENCE & TECHNOLOGY
AGRICULTURAL WATER MANAGEMENT
HORTICULTURA BRASILEIRA
KOREAN JOURNAL OF HORTICULTURAL SCIENCE & TECHNOLOGY
JOURNAL OF CLEANER PRODUCTION

彩图 5-22　全球植物工厂领域高载文量期刊载文态势分布

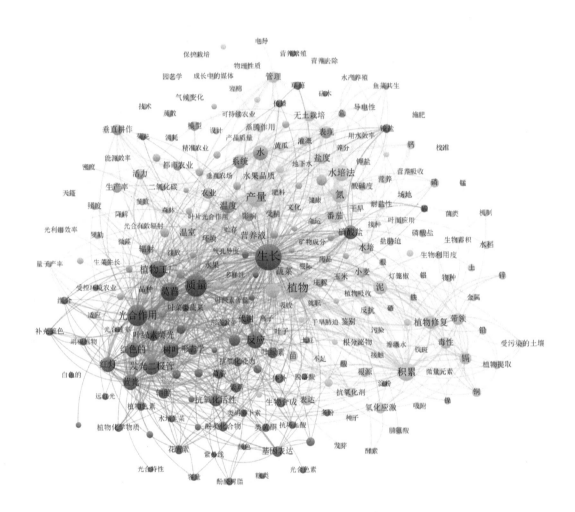

彩图 5-23 全球植物工厂领域关键词聚类图

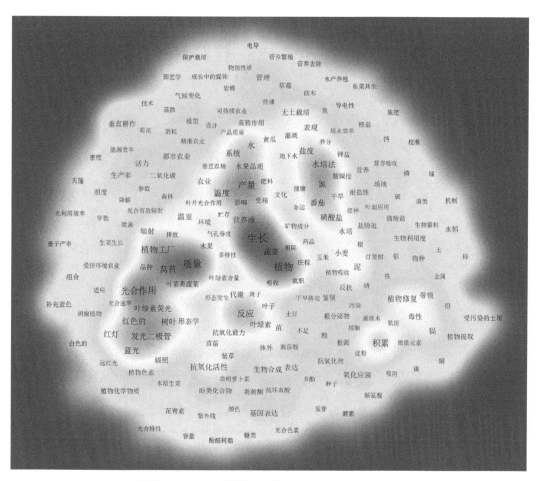

彩图 5-24　全球植物工厂领域关键词共现密度视图

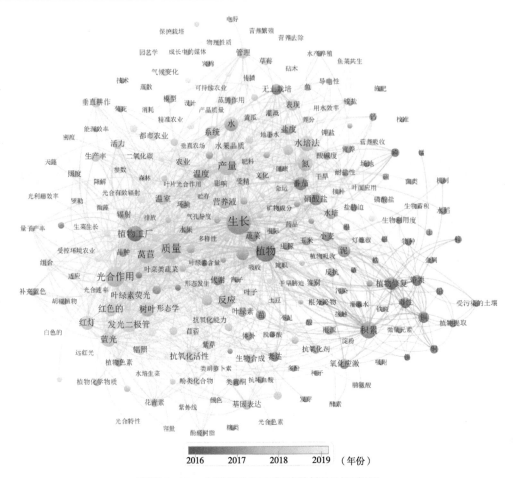

2016　2017　2018　2019　（年份）

彩图 5-25　全球植物工厂领域关键词时区视图

突现词	突显值	开始 (年)	结束 (年)	2000—2021年
领先	5.01	2006	2014	
重金属	5.2	2007	2014	
积累	6.31	2011	2013	
植物修复	5.92	2011	2016	
镉	4.7	2011	2013	
植物	4.73	2012	2014	
反应	4.46	2014	2016	
工厂	4.27	2016	2016	
养分	4.88	2018	2019	
蓝色	5.41	2019	2019	
水培	4.19	2019	2019	
使用效率	4.66	2020	2020	
形态学	4.58	2020	2020	

彩图 5-26　全球植物工厂领域基于 CiteSpace 突现词

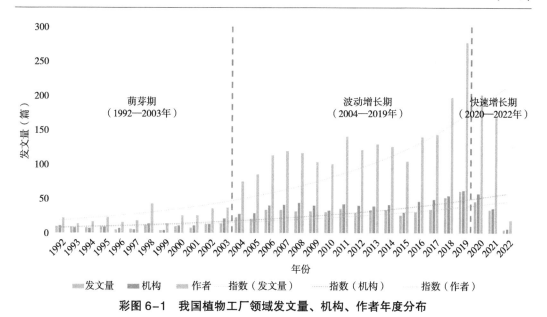

彩图 6-1　我国植物工厂领域发文量、机构、作者年度分布

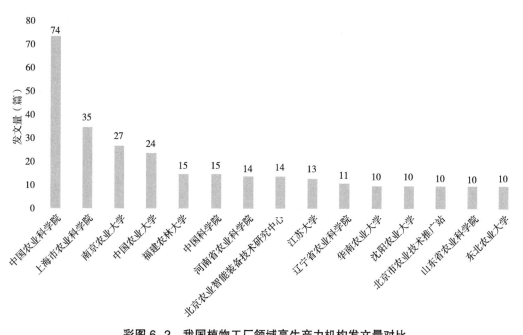

彩图 6-2　我国植物工厂领域高生产力机构发文量对比

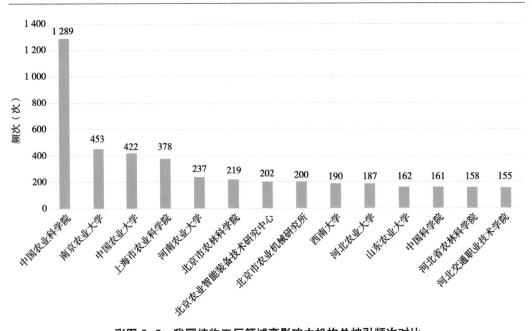

彩图 6-3　我国植物工厂领域高影响力机构总被引频次对比

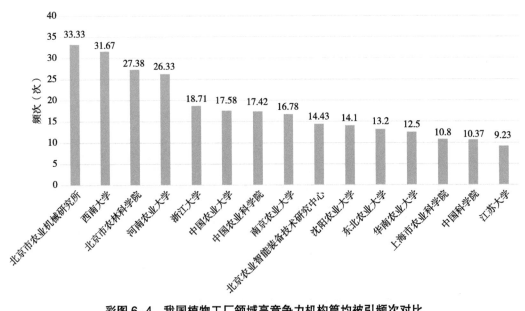

彩图 6-4　我国植物工厂领域高竞争力机构篇均被引频次对比

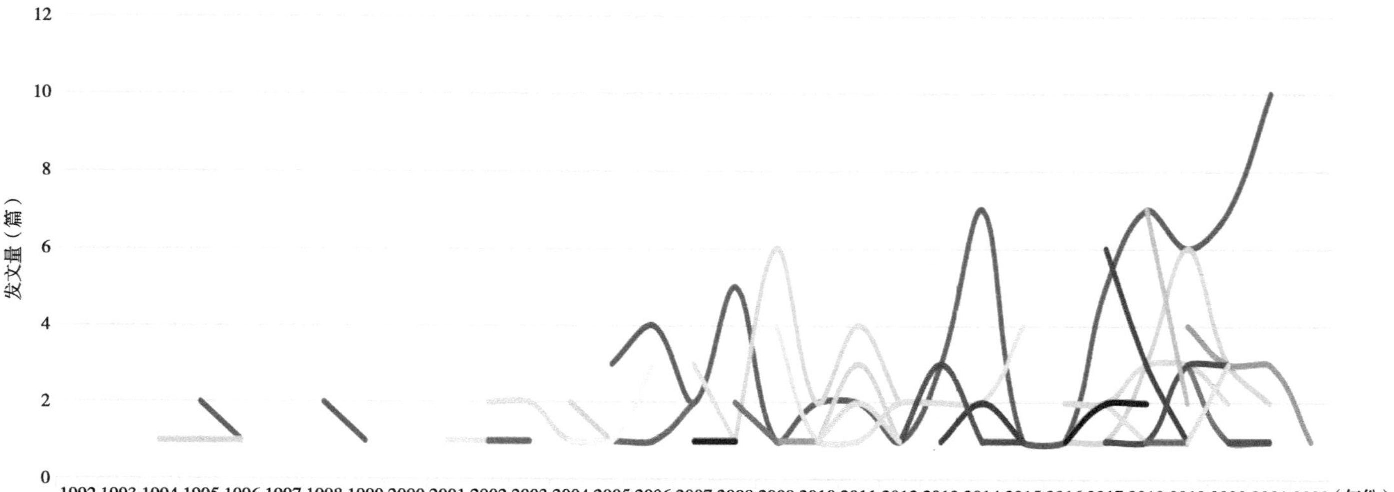

发文量（篇）

12
10
8
6
4
2
0

1992 1993 1994 1995 1996 1997 1998 1999 2000 2001 2002 2003 2004 2005 2006 2007 2008 2009 2010 2011 2012 2013 2014 2015 2016 2017 2018 2019 2020 2021 2022（年份）

中国农业科学院
上海市农业科学院
南京农业大学
中国农业大学
中国科学院
福建农林大学
河南省农业科学院
北京农业智能装备技术研究中心
江苏大学
辽宁省农业科学院
东北农业大学
北京市农业技术推广站
沈阳农业大学
华南农业大学
山东省农业科学院

彩图 6-5　我国植物工厂领域高生产力机构发文态势分布

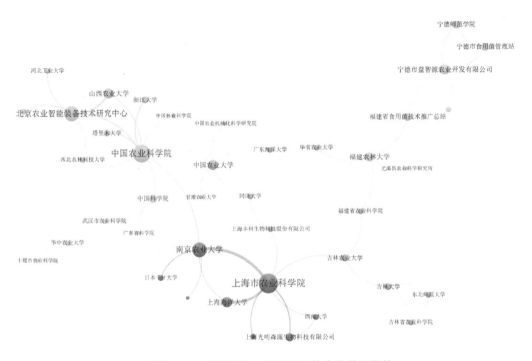

彩图6-6　我国植物工厂领域机构合作关系网络

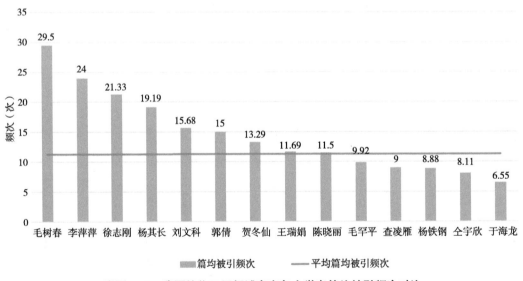

彩图6-7　我国植物工厂领域高竞争力学者篇均被引频次对比

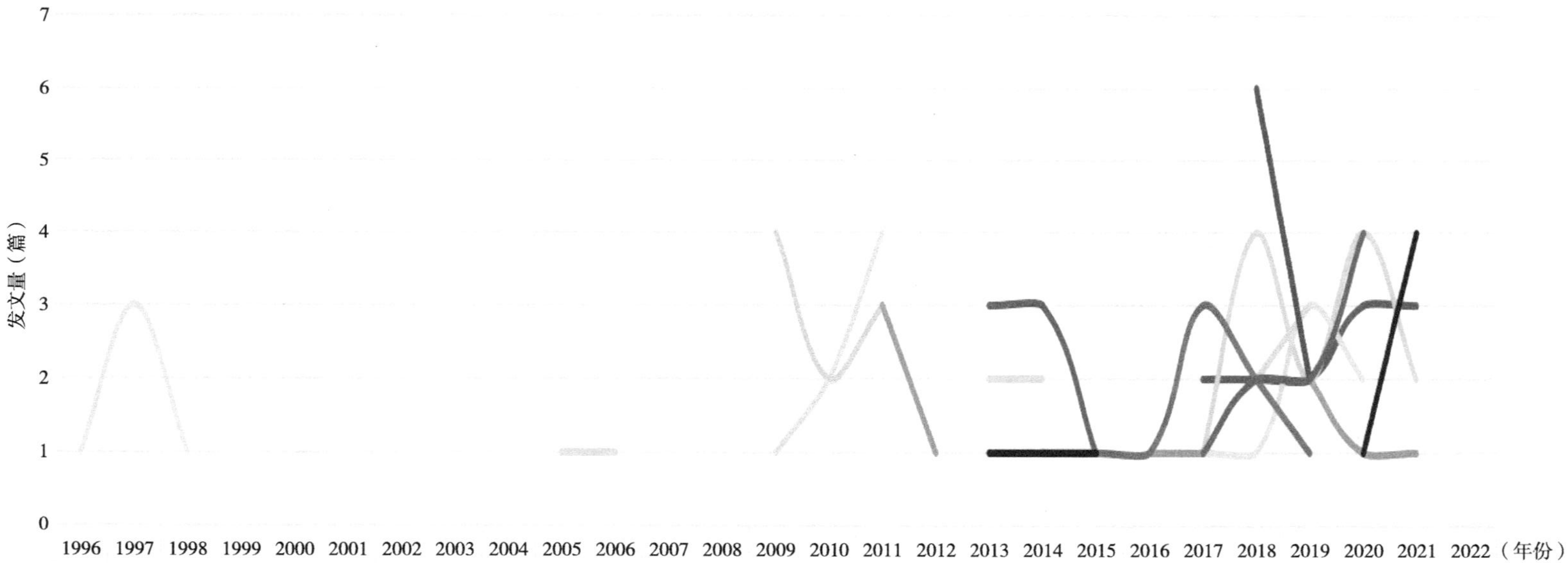

纵轴：发文数量（篇）

横轴：年份

学者	1996	1997	1998	1999	2000	2001	2002	2003	2004	2005	2006	2007	2008	2009	2010	2011	2012	2013	2014	2015	2016	2017	2018	2019	2020	2021	2022
杨其长										1		1						3	3	1		2	2	2	3	3	
刘文科										1		1						2	2			1	4	2	4	2	
毛罕平		1		1																1		1	1	3	2		
王瑞娟														1	2	4											
郭倩								1						4	2	3			1			2	2	3			1
于海龙														1		3	1			1	1	1		2	1	1	
陈晓丽																			1	1	3	3	2	1		1	
王艳芳																							6	2		1	
李新旭																							6	2		1	
查凌雁																					1	1	2	2	4	1	
仝宇欣																		1	1	1			1	1		4	

彩图 6-8　我国植物工厂领域高生产力学者发文态势分布

彩图 6-9　我国植物工厂领域学者合作关系网络

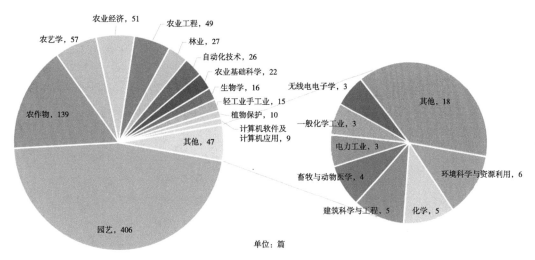

单位：篇

彩图6-10 我国植物工厂领域学科发文量对比

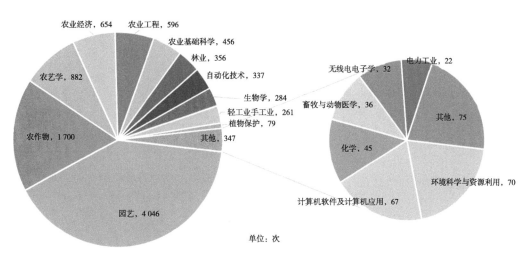

单位：次

彩图6-11 我国植物工厂领域学科被引频次对比

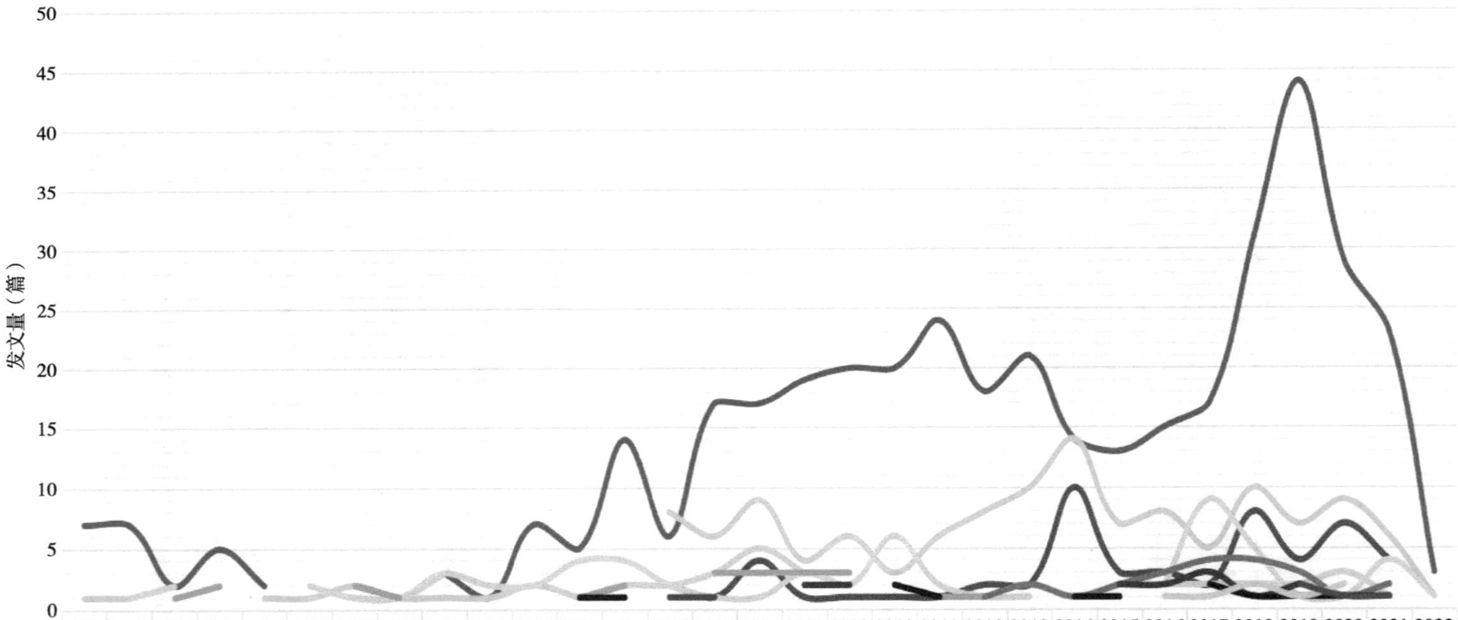

（年份）	园艺	农作物	农艺学	农业经济	农业工程	林业	自动化技术	农业基础科学	生物学	轻工业手工业	植物保护
1992	7	1				1		2	2		
1993	7	1		2							
1994	2						1			1	
1995	5										
1996	2	1	1	1	2			2			
1997	1	1	1		2			1			
1998	2	2		2	2			2			
1999	1	1	1		2			1			
2000	3	1	3	3	1						
2001	1	2	3	3	2			2		2	
2002	7	2	1	2	2		1		1		1
2003	5	2	2	4	3						
2004	14	8	4	4	3	1		1	2	1	
2005	6	8	2	2	3					2	
2006	17	6	1	3	5	1		1	1		1
2007	17	9	4	1	2	3					
2008	19	4	3	3	5	3		2	2	2	
2009	20	6	1	2	2	3		2	2		
2010	20	3	1	6		1			2	1	
2011	24	6	1	1				1			
2012	18	8	2	2	1	1	1				2
2013	21	10	2		2	2	1				
2014	14	14	10		1		1		1	2	
2015	13	7	3			2	2	1			
2016	15	8	3	2			3	2	1	1	1
2017	17	5	2	2	9		4	3	2	1	
2018	31	10	8	2	5		4	1	1	2	1
2019	44	7	4	3		3	3	2	1	1	
2020	29	9	7	1		1		1	1	1	1
2021	23	6	4	1		4	2		2	2	1
2022	3	1							1		1

彩图6-12 我国植物工厂领域高发文量学科发文态势分布

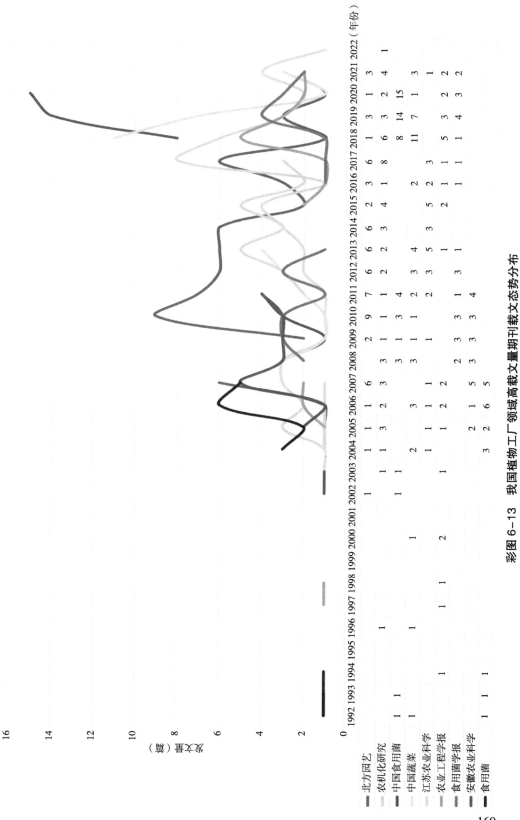

彩图 6-13　我国植物工厂领域高载文量期刊载文态势分布

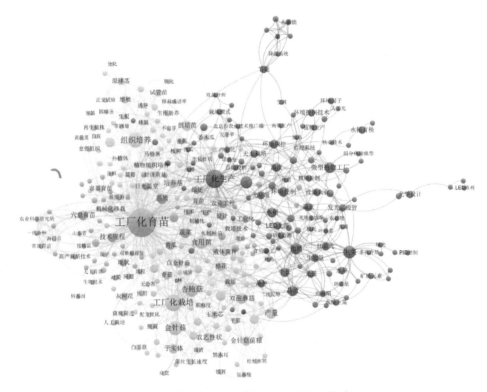

彩图 6-14 我国植物工厂领域关键词聚类图

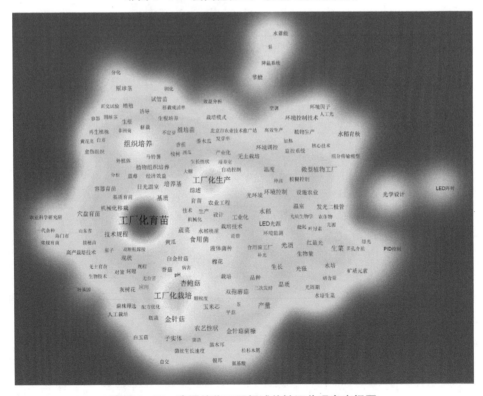

彩图 6-15 我国植物工厂领域关键词共现密度视图

彩图 6-16　我国植物工厂领域关键词时区视图

突现词	突显值	开始（年）	结束（年）	1992—2022年
组培快繁	5.55	1992	2003	
瓶内生根	5.08	1992	2003	
移栽驯化	3.66	1992	2003	
组织培养	8.61	2004	2012	
农业工程	3.74	2004	2008	
工厂化	4.46	2006	2007	
杏鲍菇	7.87	2009	2014	
植物工厂	15.42	2014	2021	
LED	5.1	2015	2020	
双孢蘑菇	3.77	2015	2021	
生菜	6.26	2017	2021	
食用菌	4.04	2019	2020	

彩图 6-17　我国植物工厂领域基于 CiteSpace 突现词

后　记

冬去春来、时光如梭，一年半的奋发踏励、砥志研思，我的第一本专著也进入收尾阶段。学之不尽，求之不易，实可谓"路漫漫其修远兮"，这 18 个月，我对"学问"二字陡增敬畏之意。从开始的迷茫，到现在的坦荡，我经历了人生最难忘的一段时光，学到了很多新知识，掌握了很多新技能，更交到了很多新朋友。在这绿肥红瘦的季节，百感交集，却无法尽言，借此叩谢良师之教诲、益友之关怀。

首先要感谢团队带头人彭秀媛研究员。从专著的选题，到各个章节的内容安排，再到最后采用的分析方法和策略，她都倾注了大量的心血和精力。可以说没有她的指导和鼓励，就没有这本专著。她严谨的治学态度、乐观的处事作风、精通的专业知识，是我一生的学习典范。

感谢秀外慧中、英明果断的桂峰兰，没有她的督促与鞭策，此书可能还在谋划阶段；感谢古道热肠、有求必应的苗羽，没有她的后勤保障，写书的进展不会如此顺利；感谢勤奋好学、善于钻研的彭秀玲，没有她的专业绘图，此书将失去五彩斑斓的颜色。特别感谢辽宁省委党校的冉鸿燕教授、辽宁省农业科学院的王昕所长和沈阳理工大学的刘念教授，三位老师是我工作中的领导、生活上的导师，让我不断成长、成熟。还要感谢所有关心、帮助过我的各位师长、朋友，虽没有具名，但在我心里，你们都是我一生的挚友。

最后，要感谢辽宁省委党校和辽宁省农业科学院的接纳与资助。

万语千言说不完，谨以此书，献给你们！